U0461109

鹿鸣心理

西方心理学大师译丛

安娜·弗洛伊德

儿童发展、障碍与
治疗技术

〔英〕罗斯·埃奇库姆 (Rose Edgcumbe) 著

颜雅琴 谢 晴 译

ANNA FREUD
A View of Development,
Disturbance, and
Therapeutic Techniques

重庆大学出版社

献给汉普斯特德诊所（现安娜·弗洛伊德中心）的
所有毕业生和友人！

目　录

第一章
引言：关于安娜·弗洛伊德的三个问题

对于任何想了解人类发展多变性的人而言，安娜·弗洛伊德都是一个装满了信息和洞见的知识宝库。无论是父母还是专业人士，只要你需要照顾孩子，她的成果就有特殊的价值。安娜·弗洛伊德具有非凡的才华，同时还具备强烈的求索精神与敏锐的观察力。

在本书中，我旨在介绍在观察、抚养和照料儿童以及儿童精神分析方面，安娜·弗洛伊德所开展的兼具创新性与现实性的工作，尤其是她的临床观察与发展其父亲理论的兴趣之间的相互作用。她是一名针对成年人的精神分析师，接待过大量成年来访者；从维也纳到伦敦，她在成人精神分析师培训方面也发挥了重要作用。但她最早的文章主要关注的是儿童，她是最早探索对儿童进行精神分析的可能性的先驱之一。正是从儿童身上，她获得了许多领悟，这些领悟帮助她进一步发展了精神分析理论。她与儿童工作的丰富经验令她对人类发展有了深刻的理解，从而对成人临床治疗的理论和技术产生了重要影响。然而，截至目前，她的影响力并没有得到充分的认可。这是为什么？让我们思考以下三个问题。

问题一："发展性帮助"是安娜·弗洛伊德针对发展缺陷问题提出的创新性方法，但为什么她不同意将其作为精神分析的正式技术？

在与发展缺陷儿童工作方面，她的发展理论带来了技术上的创新。她谦虚地将这些技术称为"发展性帮助"。她在汉普斯特德儿童心理治疗课程中带出了一批又一批学员，如今，在由我们这些学员开展治疗的众多案例中，不少人都认为发展性帮助是儿童分析技术的重要组成部分，对其展开了进一步的完善。此外，对于边缘性、精神病性和某些自恋性障碍的成年患者而言，对发展缺陷的类似思考引发了精神分析疗法上的改进，在这一领域，安娜·弗洛伊德显然是有所贡献的。然而，在我们这些和她一起工作的人看来，关于这些创新能否成为精神分析技术中的正式方法，她本人似乎持怀疑态度。她认为，这些创新是一种有效的补充工具，适用于不适合"正统"精神分析技术的患者。

问题二：她提出了著名的客体关系理论，却为什么仅被视为驱力理论者？

在涉及人类行为动力的争论中，安娜·弗洛伊德一直被贴上"驱力理论者"的标签，但很明显的是，她也非常重视客体关系，将其看成个体发展的动力来源。她关于发展的工作中包含了一套非常清晰和详细的客体关系发展理论。这一理论体现在她的"发展路线"中；在许多文章中，她关于自我和超我发展、冲动控制发展、思维发展以及情绪管理发展的表述都强调了关系在儿童发展中的核心重要性，她的技术理论也是如此。如果一定要做出抉择，她无疑会选择将自己归类为将驱力（而非客体关

系）视为人类行为根本动力的学者。但我相信，实际上她根本不会做出
这样的抉择，因为两者都很重要。

　　我并不打算自诩能完整地回答以上两个问题，尽管部分回答可能涉
及历史，但这两个问题的答案不仅仅具有历史价值，还与第三个问题
有关。

问题三：为什么她没那么有名？

　　她的工作在英国没有得到普遍认可，却在美国和欧洲大陆的精神分
析师中得到了更广泛的认同。安娜·弗洛伊德的工作具有现实意义，提
供了理解和管教问题儿童的途径，这些儿童的问题行为包括暴力、行为
凶残、违法、破坏学校及住处或者物质滥用，会造成严重后果。针对那
些不危害他人只指向自己的儿童（表现为严重焦虑、学业失败、无法应
对社会关系和场景或者无法胜任任务），她也提供了理解和治疗的方法。
因为焦虑、有缺陷或不成熟，这类儿童都可能在以后的性伴侣关系和养
育后代方面遇到困难，而安娜·弗洛伊德也提供了帮助他们为人父母的
方法。

　　我相信，通过研究安娜·弗洛伊德与她父亲在工作上的渊源，以及
她在英国精神分析学会中处理争论[1]的方式，可以在一定程度上回答我提

1　20世纪40年代，英国精神分析学会内部爆发了一场影响全世界精神分析学发展的
　　大辩论，即历史上著名的"弗洛伊德-克莱因论战"。——译者注

出的三个问题。简单来说，安娜·弗洛伊德忠于西格蒙德·弗洛伊德的驱力和结构理论，其中本能驱力被视为所有人类行为的动力，这意味着在撰写或讲述其理论时，她是用驱动理论和自我功能来表述她对关系的所有观点。在她看来，那些提出新的客体关系理论的人有可能会放弃驱力理论，而她认为驱力理论是精神分析的基石。她自己的客体关系理论本质上是一种依恋理论，在许多方面与鲍尔比的理论类似。她承认了这一点，但也在关于鲍尔比理论的讨论中阐明了两者的差异（Freud, A., 1969a）。她强调的不仅是儿童外在依恋的重要性，还有这些真实的外在关系对儿童内心世界中自我 - 客体关系的影响。多年来，精神分析学界有不少人对鲍尔比的理论持怀疑态度，认为他已经放弃了精神分析，安娜·弗洛伊德正是其中之一。时间淡化了这种极端立场，如今，鲍尔比的理论在精神分析学界更受推崇。

我不认为她的态度仅仅是因为害怕和那些抛弃驱力理论的学者相提并论。相反，她是真的认为，通过将驱力作为根本动力，将自我和超我功能作为关系的调节因素，就可以充分解释关系的发展。关于这些方面，她的表述优雅而清晰。在后期的著作中，她对客体关系和驱力的相对重要性的看法似乎逐步产生了转变。她执着于那些被认为已过时的理论（无论正确与否），这是她在英国当代精神分析学者中地位不够突出的原因之一。

安娜·弗洛伊德阐述后期的理论构想时，表述非常简洁，往往没有说明性材料。她的文字看似简单，但实际上信息量丰富，以至于如果读者没有她所依据的观察和临床工作的经验，就很难理解。她的早期著作（如关于战时托儿所和防御的文章）会提供这些经验的一些例证，但在后期著作中，这些例证相对较少。在这一点上，她不同于梅兰妮·克莱因，后者持续地发表了许多个案报告。其他原因还包括她退出了英国精神分析学会的论战，以及她可能天生就不喜欢四处宣扬自己的观点。她的传记作者伊丽莎白·扬-布吕尔也提出，英国精神分析学会与安娜·弗洛伊德之间可能存在政治和阶级上的差异，而梅兰妮·克莱因已融入学会之中，这可能影响了她们的科学风格（Young-Bruehl, 1988, p.178）。

生平事略

　　这本书不是安娜·弗洛伊德的传记，而是一本介绍她工作的作品，尤其是以下三个方面：她作为一个儿童分析师的贡献、在英国生活时期的探索以及她工作中最具创新性的内容。我尝试对她这跨越六十载的工作进行评价，也尝试理解、调和其中一些相互矛盾的要素。1959年，我考入汉普斯特德学院，成为她的学生，1963年，又成为她的员工。所以，我对她工作主体内容的了解主要通过两个渠道：一是阅读，二是来自那些熟知她工作的人的言谈。此外，我直接参与和见证了安娜·弗洛伊德思想在过去二十年间的不断发展。我原以为自己对她的思想谙熟于心，但重新评估的过程却依然深受启迪，有时还会带来许多惊喜。

　　如果你希望了解安娜·弗洛伊德的生平，伊丽莎白·扬-布吕尔（1988）撰写了一本很不错的传记。如果你想要知道更多她在维也纳时期的思想，尤韦·亨里克·彼得斯（1985）有一份详细的研究报告。彼得·黑勒（1990）讲述了他在维也纳作为安娜·弗洛伊德的一名儿童病人的经历。如果你对她和她父亲在思想上的渊源感兴趣，可以阅读雷蒙德·戴尔（Raymond Dyer, 1983）的作品。如果你希望在儿童分析沿革的历史背景之下审视她与儿童的开创性工作，现在有两位法国分析师克洛迪娜·盖斯曼和皮埃尔·盖斯曼（Claudine and Pierre Geissman, 1988）撰写的发展历史的英译本。克利福德·约克（Clifford Yorke, 1997）对她的工作进行过简要介绍，但只有法语版。伊金斯和弗里曼（Ekins & Freeman, 1998）出版了一本很有价值的研究指南，精选部分安娜·弗洛伊德的主要论文，并附上了编者按，引导读者更好地阅读每篇文章。

本书将提供丰富的细节来介绍安娜·弗洛伊德的专业和文化背景。1895年，她生于奥地利维也纳，是玛莎和西格蒙德·弗洛伊德六个孩子中的老幺，也是其中唯一一位成为精神分析师的孩子。在临床讨论中，她偶尔会拿"老幺的逆袭"开玩笑。她最初的培训和学习目标是当一名教师，但不久就尝试去改善被遗弃儿童和贫困儿童的生活，特别是在第一次世界大战之后。20世纪20年代初，她开始从事精神分析工作，除了与成人工作，她还致力于探索如何与儿童展开精神分析工作——在这一领域中努力的只有一小部分分析师。后来，她父亲患上癌症，她开始在维也纳精神分析学会承担意料之外的行政事务。1927年，她以德语出版了自己第一本关于儿童精神分析的著作，遭到了克莱因和其他英国分析师的猛烈抨击（Peters, 1985, pp.94-100），并被国际精神分析图书馆拒绝在英国出版。在当时的英国，梅兰妮·克莱因的影响力如日中天。克莱因和其他一部分分析师都来自柏林，在20世纪20年代被邀请来到英国，并融入了英国社会。

纳粹的崛起使维也纳分析师日益艰难。1938年，纳粹占领维也纳，弗洛伊德一家逃到了英国。英国精神分析学会主席欧内斯特·琼斯在帮助弗洛伊德一家和其他分析师逃离维也纳中发挥了重要作用，并热烈欢迎他们来到英国。后来，安娜·弗洛伊德和梅兰妮·克莱因各自领衔的分析学派在理论和临床上出现分歧，开始了"论战"（King and Steiner, 1991），举行了一系列会议来阐述和讨论各自观点。然而，讨论没能解决分歧，不同的流派日益分化。安娜·弗洛伊德很感激英国精神分析学会帮助她们一家和其他人逃离战乱并在英国安顿下来，觉得以进一步的公开争吵来回应这种善意不太妥当（Freud, A., 1979a）。因此，尽管仍然身为英国精神分析学会的重要成员，但她在某种程度上退出了这一学会，宁愿变得不那么突出。不过，直到1982年去世之前，她始终在英国伦敦生活和工作。

理论与技术观点

安娜·弗洛伊德非常清楚"野蛮分析"的危害：没有受过足够多培训的人难以透彻地理解理论，他们可能会误解或误用经典技术，这对他们的病人而言弊大于利。她进一步认为，任何对经典技术的偏离都必须基于对患者临床状态的仔细评估，并且只有在对现有技术进行详细审查并发现其缺陷，有必要用改良的或全新的技术来弥补时才能使用。她还意识到，纵观精神分析的历史，有些人发现很难接受精神分析对潜意识冲突的深度理解，因此渴望找到更浅显的方法来理解和治疗情绪障碍，特别是关于儿童。我相信，她之所以仔细区分了精神分析的解释技术和更具教育作用的发展性帮助技术，以上考虑都是重要原因。发展性帮助技术似乎非常类似"矫正性情感体验"，后者由亚历山大（Alexander, 1948）提出并遭到主流精神分析学家的反对。

在接下来的章节中，我将首先讨论安娜·弗洛伊德对精神分析理论的第一个重要贡献：她关于防御的论著一直是防御领域的最权威文本，即使现在看来也仍然是业内典范（Freud, A., 1936）。这本书展现了安娜·弗洛伊德对西格蒙德·弗洛伊德结构理论的重视（Freud, S., 1923）。她对发展这一理论的兴趣，特别是对"自我"这一概念的发展和结构化，都可以在她后续的所有工作中体现出来，尤其体现在诊断剖面图的构建上，后者是安娜·弗洛伊德非常重要的贡献（Freud, A., 1962a），也推动了她对发展路线的研究。发展路线相关研究检查了发展与成熟的各种细微分支，两者相互交织，有助于个体人格的成长。

随后，我将描述她作为一名教师以及幼儿园和寄宿托儿所负责人的早期工作。所有工作人员所做的系统观察成了她关于儿童发展性需要（如与父母建立稳定的关系）的最初表述的基础，同时也是她关于关系如何影响儿童心理的表述的基础（Freud and Burlingham, 1944）。

清晰有力的理论构想，以及对儿童仔细、详尽和开放的观察，构成了安娜·弗洛伊德后续关于儿童内在世界的所有工作的两大根基。

早期的工作经历影响了她的儿童精神分析技术观点，这是导致她与克莱因学派产生分歧的领域之一。我特别想探讨的一个问题是安娜·弗洛伊德如何看待亲子关系和让家长参与儿童治疗的重要性。这一观点是基于她对儿童关系的复杂发展，以及对依赖于亲子关系的儿童功能其他方面的发展的认识。这一点区别于克莱因的儿童分析理论与实践，安娜·弗洛伊德认为，克莱因的儿童分析理论和实践没有充分尊重父母的角色，而是把关注点集中在儿童的内在幻想世界上，忽略了外部因素的影响。

紧接着的章节将描述汉普斯特德儿童治疗课程与诊所的研究团队对

这些早期观点的进一步发展。汉普斯特德诊所是一个慈善中心，它有着三重目的：为儿童心理治疗师提供精神分析培训；为儿童和青少年提供精神分析治疗；开展儿童期发展和障碍的研究。半退出英国精神分析学会之后，安娜·弗洛伊德为了满足战时托儿所中工作人员的需要成立了这一慈善机构，他们希望能在这里继续已开始的培训[1]。这一机构培养出了能够治疗各种类型情绪障碍儿童的治疗师，远远超出了儿童精神分析最初的适用范畴——最初，人们认为儿童精神分析只能治疗神经症。安娜·弗洛伊德鼓励同事和学员为那些对"经典精神分析技术"没有反应、需要"发展性帮助"才能改善的儿童设计新的治疗技术。然而，在一生的大部分时间中，她都怀疑这些技术是否可以被看作真正的精神分析技术，认为它们更像是教育手段。同时，她认为，没有经过精神分析训练的人无法提供发展性帮助。

她的发展剖面图和发展路线都是基于汉普斯特德诊所的研究而提出的，前者是一个针对儿童期心理障碍的诊断工具（Freud, A., 1962a, 1965a）；后者描述了儿童在许多关键领域所经历的发展阶段，可以用来评估儿童对诸如入学或上幼儿园、与父母分离或者住院治疗等生活事件的准备程度。

在这之后，本书将全面梳理相关理论的后期发展和临床研究成果，以及它们如何影响了她后期对技术的看法。我还将介绍她的思想在精神分

1　第二次世界大战期间，安娜·弗洛伊德创立了汉普斯特德战争托儿所，来照顾战争中和双亲失散的儿童。战后，她将其改为诊所。——译者注

析之外其他领域的应用情况，她一直以来都对儿童健康有着广泛的关注，希望能帮助改善所有儿童照料者照顾儿童的方式。

安娜·弗洛伊德过世后，汉普斯特德诊所更名为安娜·弗洛伊德中心，继续传承她的思想，延续她的工作。近年来，发展心理学家和精神分析取向的儿科医生日益倾向于共同开展研究工作。梅兰妮·克莱因和安娜·弗洛伊德的追随者们也开始交流思想，协同工作。安娜·弗洛伊德中心正在进行一项关于依恋的重要研究，其中就用到了鲍尔比的思想。安娜·弗洛伊德坚持全面记录，为此收集的丰富临床资料成了一项回顾性研究的主题，该研究使用了800多个个案，研究了不同年龄组和不同类型障碍儿童的精神分析治疗疗效。这些研究发现，儿童精神分析技术应该获得足够的重视，并最终将其更名为"发展疗法"。最后一章将介绍当前的研究成果，并探讨对于帮助正常和异常儿童的各类人员而言，安娜·弗洛伊德留下了怎样丰富的精神遗产。

第二章
基础理论

安娜·弗洛伊德对精神分析理论做出了很多贡献，这源于清晰的理论构想和敏锐的观察力之间卓有成效的结合。和她父亲一样，她意识到了个体的发展和功能的极端复杂性。虽然可以从西格蒙德·弗洛伊德和安娜·弗洛伊德的理论得出简单浅显的"经验法则"，但事实上，真正的临床能力需要对理论有更全面的理解。许多治疗师不认同充分学习理论的必要性，更倾向于认为临床工作与理论是分离的。这可能是安娜·弗洛伊德在那些想走捷径的人中不受欢迎的另一个原因。她的工作清楚地表明了经验法则的不足之处。安娜·弗洛伊德的两本著作（1936年出版的《自我与防御机制》和1965年出版的《儿童期的常态与病态》），深入阐明了对个体心理障碍所涉及的全部因素进行仔细、全面的评估是多么重要。

对西格蒙德·弗洛伊德自我概念的阐释

这一章阐述了安娜·弗洛伊德早期的理论观点，这些观点构成了她一生精神分析工作的两大基础之一。1936年，她出版了《自我与防御机制》一书，这是她最初对精神分析理论所做的重要贡献。这本书所包含的一

些思想早已出现在更早期的（也是存在争议的）关于儿童精神分析技术的
著作中，对此我将会在第四章中介绍。然而，《自我与防御机制》全面地
汇集了她当时的主要思想，提出了一个至今仍然有效的技术理论，成了
一部关于防御的经典名著。该书还介绍了她从直接观察和与儿童的工作中
获得的有关儿童发展的知识。对于关注人类发展的精神分析理论而言，
这是很有价值的补充，在儿童精神分析理论出现之前，人们一直基于成
人精神分析中的重构来解读儿童。

这本书为许多合作者打下了基础，便于他们后续详细阐述有关防御
的思想。值得一提的是，基于该书思想，中心制定了《汉普斯特德索
引·防御操作手册》。这是一个由多萝西·伯林厄姆和安娜·弗洛伊德
创建的项目，并由约瑟夫·桑德勒教授主持多年。该项目的目标是制定
一系列主题并按照主题分解个案材料，从而促进比较研究，帮助寻找适
合教学目标的例子，并完善理论概念。

35 年后，由约瑟夫·桑德勒教授主持的主攻防御的索引研究团队对
这本书进行了研讨（Sandler and Freud, 1985）。这些研讨进一步阐明了
安娜·弗洛伊德理论的发展情况，包括她在理论框架内看待客体关系的
方式，以及她的理论对技术的启示。

安娜·弗洛伊德扩展了西格蒙德·弗洛伊德的结构理论（Freud, S.,
1923），她遵循父亲的思路，认为精神分析的关注点应该从研究潜意识
的欲望、冲动和感受这些本能驱力的表现形式，扩展到对自我的研究。
自我（Ego）是德语"Ich"的英语/拉丁语翻译，弗洛伊德用来描述人
格中最接近个体自我认识的部分。它在很大程度上也是无意识的，在本
我、超我和外在世界之间起着中介作用。本我 (Id) 是德语"Es"（=it）

的英语 / 拉丁语翻译，这个词带有孩子气或原始性的含义，指的是本能驱力。超我 (Superego) 是个体的良知，由自我发展而来。外在世界 (external world) 是个人所处的环境，尤其是那些对他很重要的人。

西格蒙德和安娜·弗洛伊德都强调了快乐原则对于个体功能的重要性，这里快乐原则指的是寻求快乐（即需要、欲望和冲动的满足感与快感）和避免痛苦（即沮丧、焦虑和痛苦）的自然倾向（Freud, S., 1911, 1915）。当寻求快乐和避免痛苦不再是一个简单的一维问题时，冲突就产生了，例如，两个快乐的目标发生矛盾（儿童意识到他不能既满足自身贪婪，又得到母亲的赞许；或者他不能把愤怒发泄在让他沮丧的人身上，因为他也不想伤害对方）；儿童想要讨好的人带给他无法避免的不愉快事情（如打针、洗头）；又或者儿童期待带来愉快的事情导致了意料之外的疼痛（在攀爬家具时摔伤；被诱人却很烫的东西灼伤）。面对这样的情况，儿童必须接受现实，努力在各种欲望和需求之间找到折中的解决办法，而这正是自我的任务。

安娜·弗洛伊德对自我发展的兴趣将她与海因兹·哈特曼（Freud, A., 1966b; Hartmann, 1939, 1950a, 1950b, 1952）以及一批移民到美国的欧洲精神分析师联系在一起，后者都被称为"自我心理学家"。这个描述不那么贴切，因为他们像安娜·弗洛伊德一样，对精神分析理论概念中人格发展的各个方面都感兴趣。但是，这个误称或许反映了安娜·弗洛伊德在讨论当时许多精神分析师的观点时所表达出的担忧，他们认为精神分析唯一正统的主题是潜意识的本我（Freud, A., 1936, pp.3-4），她还担心可能因为重视分析自我的重要性而受到批评（Sandler and Freud, 1985, pp.6-7）。然而，她与哈特曼及其同事一起，成功地使精神分析界意识到不仅要分析自我、超我和本我，还要考虑对外在世界的适应问题，即个人生活的社会背景。

防御分析在技术上的重要性

在著作中，她就防御分析在技术上的重要性提出了一个有说服力的解释。她将自我描述为"观察之地"，即人格中扫描内在世界的部分，这些内在世界包括了本我产生的想法、欲望、感受和冲动，以及超我对这些的反应。自我也能预估外在世界中人们的反应，以及表达这些本我可能造成的后果。所有这些都由自我来评估，自我必须决定想法、欲望、感受或冲动是否被允许表达或付诸行动，抑或是否对本我不接受的表达进行防御。她描述了人格结构在没有冲突的情况下如何和谐地运转，例如，超我不反对某种冲动或欲望，而自我发现让冲动表达出来是安全的。在这种情况下，人格的各部分并不容易区分。只有当内心冲突发生，个体产生症状时，人格的划分才会更明显（Freud, A., 1936, pp.5-8）。在精神分析中，这些内心冲突领域以阻抗的出现为标志，例如，患者的自由联想枯竭，或是忽略、无视分析师的解释。因此，探索患者的防御以及自我和超我的其他反应，同探索引发这些反应的本我冲动一样重要。

安娜·弗洛伊德很清楚，谈论自我的"预估"和"决定"，或者超我的"反对"和"阻止"，是为了将单个人格的几个简单方面拟人化。然而，她发现这种表述有助于阐明关于个人思想中内在冲突的概念（如，Sander and Freud, 1985, pp.33, 284-285, 537）。在更专业的术语中，当冲动和欲望被自我接受时，它们被描述为"自我和谐的"，当冲动和欲望被认为在某些方面不安全而引发焦虑，或者可能不受个体所爱的人的欢迎，又或者很有可能被超我反对时，它们被描述为"自我不和谐的"。

新的防御

安娜·弗洛伊德罗列并描述了西格蒙德·弗洛伊德已经揭示的防御方式：压抑、退行、反向形成、隔离、抵消、投射、内投、转向自身、反转和升华（Freud, A., 1936, pp.42-44）。接着，她自己又添加了几个新类型，特别是对攻击者的认同（pp.109-121）和利他主义（pp.122-134），这两种防御可以被看作更精确地定义了某些形式的"投射性认同"。后者是克莱因提出的一个概念，这一概念已经变得无所不能，这种普适性反而令人心生疑惑。她还描述了否认这一方式，这是幼儿身上常见的防御。

对攻击者的认同

安娜·弗洛伊德给出了一系列对攻击者的认同的例子，从复杂程度上看，既有简单的，如试图控制对可怕现实事件的焦虑；也有复杂的，通过这种防御机制促进超我发展。在那些更简单的例子中，她描述了一个6岁的男孩，由于经历了难受的牙科治疗，他在精神分析治疗室里剪切、破坏各种物品。同样是这个男孩，有次来的时候显得很不安，因为在前一天的游戏中他发生了意外，撞上了游戏老师并弄破了自己的嘴唇。那次会谈时，他穿戴得就像一个全副武装的士兵。在这两段情境中，男孩都找到了一种主动的处理方式，面对这些让他感到被攻击的难过事件，他通过成为攻击者来处理引发的焦虑和自恋性羞耻。这些都是精神分析中的例子，但安娜·弗洛伊德指出，儿童的玩耍往往包括了主动控制被动经验的类似尝试：假扮成大夫、牙医、愤怒地斥责愚蠢学生的学校老师或责骂坏孩子的父母（1936, pp.111-114）。

她继续描述了超我发展中的一个阶段，在这个阶段，为了阻止他对自身行为遭到批评或惩罚的担忧，儿童会批评或攻击他人。例如，当一个儿童对手淫感到焦虑，认为自己会受到惩罚时，他会在游戏中变得咄咄逼人。他认为成人会如何惩罚自己，就会表现出什么样的行为（ibid., pp.114-116）。这表明在超我发展的这个阶段，儿童还没有完全形成内化的自我批评，总是去责怪他人。在这种情况下，通过罪恶感的投射，对攻击者的认同这一概念得到了进一步补充。安娜·弗洛伊德指出，"真正的道德"始于自我接受自己的错误，即自我批评，而不是寻找他人的错误（ibid., p.119）。

否认

她也阐述了否认的几种形式，分别是通过幻想、言语和行为的否认（ibid., pp.69-92）。这种防御在儿童身上非常常见，它不是针对儿童的本能欲望和感受，而是针对令人难受的现实，例如身材矮小、相对无助、无能或无力。安娜·弗洛伊德引用了《小汉斯》（Freud, S., 1909）以及她自己的案例。例如，一个7岁的男孩详细描述了一个白日梦，他拥有一头温顺的狮子，只要在他的控制下，它就是无害的，但如果其他人知道它的存在，它就会吓坏他们。通过这种幻想，他否认了自己对父亲的俄狄浦斯恐惧。安娜·弗洛伊德指出，这种幻想在童话故事中很常见，年轻人在野兽的帮助下战胜了一个强大的国王或其他的父亲象征。这是儿童早期常见的一种处理方式，用来应对自身不够高大、强壮和强大的糟糕现实，但如果在以后的发展中依然存在，个体就可能会在现实检验上产生问题（Freud, A., pp.74-80）。

言语和行为上的否认在儿童游戏中也很常见。玩耍时，他们扮演成各种受人敬仰的大人，例如，他们会戴着父亲的帽子，穿上母亲的鞋子，假装在开车或购物；或者更大胆一些，去指挥一艘太空船或管理一个部门。这些游戏也可以理解为儿童在学习、练习如何成长。大人通常会支持儿童的这些尝试，这让他们感觉自己很强大，但也期望儿童能够跳出幻想的角色，回到现实：到了吃饭或睡觉的时候就停止游戏。一个不能完成这种转变的儿童是趋于病态的，并非正常发展（ibid, pp.83-92）。

安娜·弗洛伊德承认这种对现实的防御性否认是幼儿服从快乐原则的表现。通常，随着自我发展出现实检验功能，这种对快乐的追求会逐渐被现实原则所矫正。个体开始明白为什么有些东西不安全，有些事情不被赞同。他还会发展出挫折忍耐力，这就是在知晓未来会获得快乐或成功的情况下等待的能力。儿童开始认识到否认的缺点，并掌握其他的防御和适应方式。

在安娜·弗洛伊德的著作出版后的几年里，越来越多的防御方式得到了认可。《汉普斯特德索引》试图区分她描述的基本防御机制和"防御手段"之间的区别，后者几乎包括任何形式的具有防御目的的行为（见未出版的《汉普斯特德索引·防御操作手册》）。沿着这个思路来探究其逻辑结论，查尔斯·布伦纳（Charles Brenner, 1982）推断，不存在单独的防御机制，只存在服务于防御和其他目的的自我功能。基于本能结构理论、客体关系理论或自体心理学，人们提出了形形色色的防御理论（见库珀在1989年的一项调查）。

在1972年和1973年的讨论中，安娜·弗洛伊德和约瑟夫·桑德勒认为，任何现有的功能和能力都可以用于防御，也就是作为主要机制之外的进一步防御手段（Sandler and Freud, 1985, p.134f.）。她认为，有些防御比其他的更为原始。西格蒙德·弗洛伊德已经描述了本能的变化如何发展成防御，例如对于目标的转向自身和反转；也描述了原始的本我过程如何被用于防御，例如投射和内投。最初，投射和内投有助于识别自己和他人之间的界限，后来则被用于防御（Freud, S., 1915; Freud, A., 1936, pp.43-44; Sandler and Freud, 1985, pp.111f., 138, 537）。后来的防御可能建立在自我功能的基础上。例如掌握，这原本是儿童用来发展各种身体和智慧能力的正常而愉快的锻炼方式，也可以用于防御，从而避开无助或无能的感受（Sandler and Freud, 1985, pp.134f.）。

焦虑的来源：内在和外在

书中特别重要的一节是她基于西格蒙德·弗洛伊德的思想（Freud, S., 1926），阐明了导致防御的焦虑的来源。安娜·弗洛伊德区分了对自身内心世界中冲动、欲望和感受的担忧和她所说的"客观焦虑"，后者指的是对父母真正生气或不满的担忧，对外在世界不愉快事物的厌恶（Freud, A., 1936 pp.54-65; Sandler and Freud, 1985, pp.263-265, 270-272, 317-320）。这种区别引出了一种关于防御的发展观，认为儿童会经常使用儿童期相应阶段的正常方式，防御那些对不愉快的外部现实的认知。但是，如果这种情况持续到成年期，这就属于病态了，例如，通过幻想来否认（Freud, A., 1936, pp.69-82）和对攻击者的认同（pp.109-121）。

在 1972 年和 1973 年的论述中，安娜·弗洛伊德谈到她希望总结一条关于防御的发展路线（1985, p.525）。这些论述表明，这条路线的大部分要素已经出现在她的思想中（Sandler and Freud, 1985, pp.1f., 233f., 237f., 248-255, 340-347; 见第六章）。

内化与客体关系

这种对焦虑来源的区分也帮助她研究了以下这一问题：儿童与父母之间的冲突如何逐渐转化为儿童自身的本我、自我和超我之间的内在冲突（Freud, A., 1936, pp.56-58; Sandler and Freud, pp.317-318）。内化是安娜·弗洛伊德理论中一个极其重要的概念。它指的是儿童"接纳"或认同他人并向他人学习的过程。这也标志着安娜·弗洛伊德的客体关系概念与梅兰妮·克莱因、费尔贝恩，有着巨大的差异。

作为一种指代人的精神分析术语，"**客体**"一词常被批评为缺乏人性。该术语来源于西格蒙德·弗洛伊德对本能驱力的四个主要特征的论述：**压力**，驱力的力量，或者是对心理活动需求的度量；**目的**，为了获得满足；**来源**，来自未知的身体过程；**客体**，本能可以通过它实现其目的。弗洛伊德认为，客体"是本能中最多变的要素，最初与本能没有关系，只是由于特别适合满足个体而被分配给了本能"（Freud, S., 1915, p.122）。客体可能经常变化。本能也可能变得"固着"，即在发展早期与特定的客体紧密相连。弗洛伊德之所以使用"客体"一词，是因为他强调的是满足驱力的任何事物，而非局限为人。关于客体，可以是其他人、主体自身身体的一部分、客体身体的一部分，甚至可以是无生命的物体，后者表现为恋物癖（Freud, S., 1915, pp.122f）。然而，他进一步的论述清楚地表明，在讨论本能的变化和发展时，人类客体最常出现在他脑海中（ibid., pp.127-140）。

后来的精神分析师开始对客体本身的作用感兴趣，而不仅仅将其作为驱力的附属物。费尔贝恩不同意弗洛伊德的观点，拒绝将驱力作为行为动机，而提出关系压力才是主要动机。与费尔贝恩不同，安娜·弗洛伊德保留了驱力和外在客体之间的关联。梅兰妮·克莱因的观念则与他们都不相同，她保留了驱力理论，但将驱力理论与内在的幻想客体联系得更紧密，而非真实的、外在的人。

安娜·弗洛伊德感兴趣的是，儿童在发展中塑造自我和超我的过程中，父母和其他重要人物起到了什么样的作用，以及儿童如何逐渐将这些外在客体的欲望、禁令和态度构建到自己的内在世界中，使之成为自己人格的一部分。因此，她扩展了客体的概念，不只是有助于驱力的满足，还在自我和超我的建构中发挥了作用。儿童需要父母的照顾，并从这种需要中培养出爱的能力。

因此，儿童最初可能会抑制贪婪、攻击或性兴奋等冲动，因为他希望取悦不赞成这种行为的父母，又或者是害怕受到惩罚。但渐渐地，这些与客体有关的反应会形成儿童自己的道德准则或超我，并发展成内疚感。然后，儿童开始体验到自己内心的冲突，而这种冲突最初是与外在世界的某个人有关的。安娜·弗洛伊德将这种"内化的"冲突与个体早年内心中的恐惧和冲突作了区分，即后者一直是"内在的"。这种"内在的"恐惧和冲突包括了由本能和需要的力量引起的原始焦虑，对于一个不成熟的自我而言，它们可能会显得无法抗拒、难以应对，还包括了无法兼容的本能之间可能会产生的冲突（Freud, S., 1926; Freud, A., 1965a, p.145）。

随着儿童有意识或无意识地向父母和其他成人学习，其他重要的内化形式会影响儿童的自我发展。儿童不仅会模仿父母日常工作和玩耍的方式，模仿他们的言行举止，还会认同他们与他人相处的方式、偏好的防御模式以及应对问题和创伤事件的方法。此外，儿童还会吸纳父母的情绪反应。

安娜·弗洛伊德对内化的具体过程的认识源于她与婴幼儿的工作（见第三章）。内化是一个将客体关系置于发展的核心地位的概念，但它不能取代本能理论或结构理论。安娜·弗洛伊德把客体关系的发展作为理解人格结构发展的另一个维度。关系的作用应该被理解，因为它影响着内在世界，尤其是认同和内投的发展，前者增强了自我，后者有助于建立超我。

在1972年和1973年的论述中，她阐释了儿童所处关系的重要性，她声明，我们没有忽视客体关系，客体关系"几乎是我们最基本的主题"（Sandler and Freud, 1985, pp.190f.）。她重点论述了客体在超我和自我发展中的作用（pp.146-156, 510-513）。

这些论述还阐明了她的驱力/结构框架与桑德勒的自体-客体表象理论之间的联系。桑德勒认为，自我的一个关键功能是将客体和自体的连续心理表征构建为一个内在的"表象世界"（ibid., pp.57-59）。

她论述了儿童在面对无法承受的内心体验和外部事件时产生的无助感，强调客体在保护儿童免遭这些感受的影响方面所发挥的作用。这一点对于她的发展性帮助理论尤为意义重大（ibid, pp.469f.）。她关于个体防御自恋性伤害（ibid., p.529）、对抗感受状态混乱的论述亦是如此，在这种情况下，个体使用的防御可能是改变感受状态，也可能是逃避任何能引起这种感受的事物（ibid., pp.532-535）。

移情的方式

对于如何理解不同形式的移情，她也进行了一系列阐释。例如，她区分了移情与治疗中的其他初始反应，如面对陌生人时常见的谨慎或对新状况的焦虑（ibid., p.64）。她还区分了内在冲突的某个方面在分析师身上的外化（例如，将超我角色分配给分析师，分析师被认为是病人欲望的反对者，这样病人就不必面对自己的良知）与过去客体关系的移情（例如，现实中是父母反对病人的欲望，却被移情到分析师）（ibid, p.137）。其中最重要的或许是她区分了防御性移情与阻抗。患者移情给分析师的不仅仅是对客体的冲动、欲望和感受，还有他们通常用来应对这些防御机制。在移情过程中，这些防御机制抑制了潜意识的充分表达，就像它们在现实生活中所做的那样。这不同于对自由联想的阻抗，后者是在特定的治疗情况下出现的，此时分析师鼓励患者揭示他通常不允许自己或其他人知道的事情（Freud, A., 1936, pp.13-23; Sandler and Freud, 1985, p.41; 见第六章）。

自我约束

安娜·弗洛伊德的一个极其重要的贡献是她区分了冲动抑制（一种神经症性防御）和自我约束（一种针对焦虑的更剧烈反应）。在自我约束中，个体放弃了自我功能，如感知、思考、学习或记忆。这一观点在她更早关于潜伏期儿童丧失好奇心和想象力的论述中已经初见端倪（Freud, A., 1930, pp.112-113）。1936年，她更详细地讨论了这个问题（Freud, A., 1936, pp.93-105; Sandler and Freud, 1985, pp.358-364）。自我约束这一概念于1936年提出，并在她后来的发展缺陷理论中进行了详细阐述，如果存在发展缺陷，自我功能就可能受到约束。二者在治疗结果上也不一样：冲动抑制可以通过对潜在冲突的解释而解除，从而恢复功能；但自我约束导致没有功能可恢复，这是一种发展性扭曲，需要发展性帮助才能恢复功能，随后才能对原有冲突进行处理（Edgcumbe, 1995; Fonagy et al., 1993）。发展性帮助的核心是区分以下两种情况：一种是为解除压抑而"转化为意识"，另一种是为帮助患者获得先前不存在的表征意义而"转化为意识"（Sandler and Freud, 1985, pp.70-72）。一个正常的过程如果用来防御就可能变得病态，自我约束正是这样的一个例子。在正常的发展中，人们可能必须在爱好和职业之间做出选择。任何一个儿童都可以放弃不擅长的事情，去发挥自身优势方面的才能。只有在过多可能性都被排除的时候，这一过程才会损害人格的发展（ibid., pp.364-374）。

情感转换

安娜·弗洛伊德的另一个重要贡献是她关于情感转换的论述，尤其是对于儿童精神分析而言。在儿童精神分析中，如果观察到情感的变化、缺失或者不恰当，分析师就可以顺藤摸瓜，探寻儿童障碍的原因与发展情况。在儿童无法进行自由联想，有时甚至无法以任何方式玩耍或交谈时，该方法可以弥补这一缺陷，从深层次揭示儿童困难的动因。如今，大多数治疗师都理所当然地认可了解患者感受的重要性。但在安娜·弗洛伊德撰写著作的时候，"对情感的防御并没有被真正谈论过……情感被认为是驱力的伴随物或衍生物，并且人们或多或少地相信，防御是针对驱力的，而不是情感"。在后来的论述中，她也阐明了并非所有的感受和情绪都来自驱力，它们产生的原因有很多（Freud, A., 1936, pp.31-41, 61-64; Sandler and Freud, 1985, pp.81-84）。

她在 1936 年的著作中还提出了一系列其他问题，这些问题将在后面的章节中讨论，比如对攻击发展的看法，以及在青春期心理学方面的早期贡献。后者令人印象深刻，尤其是新防御机制的提出，比如理智化、禁欲以及超我和自我理想的改变。理智化和禁欲的出现是为了与本能进行又一次的斗争，而超我和自我理想的改变则是努力尝试放弃婴儿期客体的结果（Freud, A., 1936, pp.152-172）。

正是安娜·弗洛伊德早期对自我的功能和发展的兴趣，引领着她开启后期工作中的重要领域：发展相关的交互因素研究，基于缺陷而非冲突的精神病理学描述，以及治疗这些病态所需的各种技术。

第三章
观　察

　　本章论述的观察材料是充分理解安娜·弗洛伊德思想的必备要素。它值得进行深入的探究，因为透过这些观察材料，我们可以逐步理解她后期在发展剖面图和发展路线中的理论表述（见第五章和第六章）、关于精神病理类型的最终阐释，以及她的治疗技术理论（见第七章）。如果没有这些观察，也缺乏相应的经验，就很难理解她那些复杂的理论，也很难理解这些理论为何如此重要。

　　在成为精神分析师之前，安娜·弗洛伊德的职业是一名教师。在她的研究中，这两种兴趣得到了很好的结合。在个人文集第一卷的导言中，她提到维也纳是"对正常儿童的发展进行精神分析研究的宝地，也是将这些新发现应用于教育的沃土"（Freud, A., 1974a, p.vi）。她的理念得到了西格弗里德·贝恩菲尔德以及另外几位优秀同事的支持，包括奥古斯特·艾克霍恩、伊迪萨·斯特巴和威利·霍弗等人。虽然她本人没有参与政治活动，但她对社会活动家的观点很感兴趣，这些人认为改变环境对于改善儿童的心理状况至关重要（Young-Bruehl, 1988, pp.177-178）。20世纪20年代和30年代，她认识到维也纳存在的社会剥夺问题，于是在1937年参与建立了杰克逊托儿所。在20世纪30年代的维也纳，身为犹太人的安娜·弗洛伊德不被允许执掌任何机构，因此托儿所在有一定影响力的美国友人伊迪丝·杰克逊和多萝西·伯林厄姆的帮助下才得以建立。随着纳粹崛起，弗洛伊德一家人被迫移民英国，这一尝试戛然而止。第二次世界大战期间，这份热忱仍在延续，安娜·弗洛伊德和同事多萝西·伯林厄姆一同建立了战时托儿所，帮助那些因父母死亡、疾病、参军或参与战争相关工作而与家人分离的儿童。他们是这方面的先驱者，不仅努力满足幼儿的生理和教育需求，还去尝试满足他们的情感和心理需求。

这项工作的独特之处在于，作为在职培训的一部分，托儿所全体员工收集了数百份详细的书面观察记录。这些观察可以置于一个整体的理论框架之下，而根据从新的观察中获得的信息，这个框架本身也得以不断调整和发展。在维也纳，安娜·弗洛伊德给教师和家长做过不少讲座，介绍了关于发展、教育和抚养的精神分析观点。这些观点集中在婴儿性欲、控制驱力导致的问题以及"理性自我"和超我的发展等方面。它们强调儿童对父母的依赖和爱是抑制本能行为的动力（Freud, A., 1930, 1934）。基于战时托儿所资料的论文阐述了亲子依恋发展的更详细信息，以及自我和超我在各个领域的发展结果。影响儿童发展的因素众多，还存在复杂的相互作用，涵盖了先天、成熟和环境等各个方面，观察有助于对它们做出极其详细的表述。当时的人们很少提及儿童的情感需求，部分母亲和教师凭借直觉或者自身经历能意识到这一点，但就许多机构而言，今天看起来司空见惯的想法在当时颇具革命性。例如，拒绝让儿童独自撤离战场的母亲并不是不顾儿童的安全，而是考虑到他们的情绪健康；即使儿童会在父母离去时变得不安和"麻烦"，也应该鼓励父母到安置地点和医院看望他们；儿童无视父母的到来并不意味着不关注父母，而是深深的受伤和不信任。作为战时托儿所的社会工作者，詹姆斯·罗伯逊是为战后的临床实践以及寄养工作带来变革的先驱之一。他和他的妻子乔伊斯都在早期建立托儿所的阶段提供过帮助。

一些专业人士不得不面对儿童和青少年的各种人格缺陷和行为障碍问题，这些问题是由早期家庭关系的破裂或缺陷导致的。然而，他们依然没有充分理解安娜·弗洛伊德从 20 世纪 40 年代的观察中得出的结论。正如安娜·弗洛伊德和多萝西·伯林厄姆在 1974 年所写的（p.xvii）：

> 由于各种原因，如死亡、疾病、意外、离异或金融危机这类在任何时候、任何社会阶层都可能发生的糟糕状况，婴儿可能成为孤儿或被带离家庭。战争不仅会助长和加剧家庭单位的解体，而且会加深这种关系破裂对儿童个体的糟糕影响。

1941 年 2 月至 1945 年 12 月，战时托儿所的月报（Freud and Burlingham, 1974）对观察进行了初步的总结，涵盖了多个主题和个案。后期的许多论文用到了这些资料，并给出了更一般性的结论。这些月报绝大多数在 1974 年首次发表。唯一的例外是 12 号报告，它发表于 1942 年。基于这些个案报告的第一份重要总结发表于 1944 年，名为《无家可归的婴儿》。随后陆续开展了一系列研究（Kennedy, 1950; Bennett and Hellman, 1951; Burlingham, 1952; Hellman, 1962; Burlingham and Barron, 1963），这些研究都直接聚焦于战时托儿所的儿童。除此之外，这些年所做的工作也对安娜·弗洛伊德后期的思想发展产生了影响。

与父母分离对儿童发展的影响

《无家可归的婴儿》一书比较了在寄养机构和在家庭中成长的儿童的发展状况。这本书和它所基于的详尽月报记录都聚焦于儿童对与父母分离的反应，这些反应不仅仅有他们直接表达出的痛苦和渴望，还包括了分离对他们行为和能力的其他方面的影响。第一份报告强调，即使分离会带来哭泣和不安，父母也应该尽可能多地探望儿童，因为这一次次的短暂分离给了儿童更多的机会去克服惊愕和失落。父母突然与儿童分离，接着数周或数月不见人影，这种做法并不妥当（Freud and Burlingham, 1974, pp.9-10）。报告列举了不少例子来呈现儿童面对分离的不同反应，包括当下出现的痛苦，也有更长期的发展紊乱。通过这些负面反应，作者对儿童正常发展所需条件有了更深入的理解。多年来，这些理解不断累积，逐渐形成了一套详尽的理论，涉及儿童客体依恋的发展，以及这种依恋在人格、认知和情绪发展方面的重要作用。作者还介绍了为尽量减少对儿童的伤害而采取的实际措施。但到了1974年，他们总结道："如果要从整体上讨论应支持还是反对寄养儿童，与30年前发表的结论相比，现在的结论是越发反对了（ibid., p.xix）。"

儿童面对分离的反应的一些例子

书中列举了许多个案来说明儿童面对分离的最初反应。例如，7号月报指出，在22个学步儿中，只有两个没有表现出明显的痛苦迹象。绝大多数儿童对分离感到惊愕（ibid., pp.81-86）。

玛吉

2 岁 8 个月的玛吉在享受了几个小时的托儿所时光后才明白，这意味着她要与妈妈分离。接着她崩溃了，哭个不停。母亲的来访加剧了她的痛苦。她对老师产生了感情强烈但经常变化的依恋，并一直想牵着别人的手。大约两个星期后，她可以让她最喜欢的老师离开教室一段时间了，开始享受母亲的来访，而不是在每次离别后号啕大哭。六个星期后，她看起来更习惯了（ibid., pp.82-86）。

德里克

2 岁 6 个月的德里克从家里带来了一只玩具狗帕特，他和帕特形影不离，坚持认为应该像照顾其他儿童一样照顾它。刚来头两天他看起来还比较高兴。母亲来访时，他第一次大发脾气，时而吻她、抱她，时而骂她、打她。他让母亲亲吻、拥抱帕特。从那时起，他对帕特受到的任何幻想中的伤害都会做出愤怒的反应，如果自己不小心把帕特摔在地上，他会绝望地倒在地上。安娜·弗洛伊德评论说，帕特是德里克本人的象征（ibid., pp.82-83）。

伊夫琳

3 岁 3 个月的伊夫琳是一个发展严重受损的儿童。她因为战争离开父母，但由于受虐待、养母生病等各种原因，不得不六次更换住所。她感到十分困惑和愤怒，以至于与父母见面时，一开始只认出了父亲，没有认出母亲。她一直很容易焦虑不安，一会儿哭，一会儿笑（ibid., pp.85-86）。后来的报告提到，她讨厌和恐惧的事物很多，并且时常变来变去，还出现了强迫行为。她常常限制自身活动，并用第三人称称呼自己。探家回来后，她会讲一些恐怖的或充满攻击性事件的幻想故事，对现实世界的兴趣似乎有所减退（ibid., pp.98-99, 206-207）。

托尼的发展困难（从2岁9个月到5岁）

他们对一部分儿童进行了长达数月或数年的跟踪观察，发现这部分儿童的发展困难尤其具有启发意义。以托尼为例，1941 年 9 月，也就是他 2 岁 9 个月的时候，托尼住进了名为新谷仓的乡间托儿所，在此之前，他因尿床问题更换了五六个寄养家庭，但这一症状在他住进托儿所后就消失了（ibid., pp.240-243）。他瘦小、可爱，表面上很友善，但也会感到恐惧和失落，不与任何人进行情感交流。托尼的父亲在他 8 个月大的时候就去参军了，他直到 2 岁都和母亲一起生活。当时，母亲眼中的他是一个无忧无虑的快乐男孩。但母亲随后得了肺结核，不得不住进疗养院。她想努力给托尼找一个好的寄养家庭，但没有成功。她很难过地发现，托尼开始变得胆怯和拘谨。在写给托儿所的关于儿子的信件中，她表达了自己对托尼的强烈依恋，以及她为了托尼的健康成长所做的努力（ibid., pp.113-116）。

第一次进入托儿所时，托尼言听计从，没有给任何人带来麻烦。但他仍然很冷漠，好几个星期都很难接近他。随后他病倒了，一名护士把他抱起来，放在自己腿上量体温。这一举动似乎唤起了他一些愉快的回忆，他对这名护士产生了依恋，经常要求"量体温"（ibid., pp.205-206）。这种依恋转瞬即逝，1941 年 12 月，他感染了猩红热，与另一名护士玛丽在病房一同隔离了几个星期。这一次，依恋变得更强烈。他爱上了护士玛丽，对她不再冷漠，而是展现出热情的性格。他变得黏人，嫉妒其他的孩子，要求她只关注自己，总害怕失去她，经常生气和怨恨，指责她做错了事。准备睡觉的时间尤其麻烦，他会哭，告诉玛丽他不喜欢她，要她走，然后又要她回来。他从一个听话的孩子变成了"让全宿舍鸡飞狗跳"的调皮蛋。在安娜·弗洛伊德和多萝西·伯林厄姆的帮助下，护士玛丽经受住了这些无理取闹，在她身边托尼变得越来越安心，两人关系愈发亲密。自己玩耍的时候，他可以容忍玛丽在别处做自己的工作，只需知道她身在何处，并确保在他需要的时候可以轻易找到她（ibid.，pp.242-244）。他开始告诉玛丽他关于家人的记忆，例如，"我爸爸将我妈妈抱在怀里"（ibid., p.244），当时可能是托尼和母亲去看望父亲，母亲看到父亲大出血而晕倒（ibid., p.114）。他开始给玛丽打下手，接受她的"离开"，甚至在她准备离开几天时帮她收拾行李。当他睡得不好时，情绪难免糟糕，变得更加黏人和爱哭。每当此时，尿床行为就又会出现。但他大部分时间都乐观、温柔，和外界保持良好的互动。他很中意父亲寄给他的明信片（ibid., pp.240-246）。

托尼的母亲病得太重，不能去看望他。托儿所给她寄去了关于托尼的信件和报告。父亲在休假时来看望他，家里的亲戚们也来了（ibid.，p.242）。11月，也就是托尼到来两个月后，猩红热的爆发使得托儿所被隔离，三个月内禁止探望（ibid., p.121）。在这段时间里，孩子们和父母通过信件、包裹和口信努力保持着联系。1942年2月，经过三个月的隔离，载满家长的巴士来了，这对托儿所而言是一件大事。面对着父母和托儿所工作人员，大多数孩子似乎很好地处理了这种双重关系，很快又重新熟悉了他们的父母。一位姨妈来看望托尼，但他以前很少见到她，对她的到来感到非常焦虑和不安。努力前功尽弃，托尼脸上恢复了"心灰意冷的表情"（ibid., p.214）。托尼的母亲于1942年5月去世（ibid., p.240）。此时，托尼已经有18个月没有见过她了。父亲将这一噩耗告诉了他（ibid., p.246）。

1942年7月，父亲来看望托尼，当时他3岁半。他表现得很友好，但是沉默寡言。过了几天，他告诉玛丽："我再也没有妈妈了。"他还解释说，他不想和父亲说话。他脑中产生了一个幻想："我和父亲一起来到这里，父亲朝我扔了一块大石头，我哭了，我不再喜欢父亲了，我再也不会喜欢他了。"这个幻想可能意味着他把母亲的死归咎于父亲，也可能展现了父亲带来的消息对他的巨大打击。尽管他喜欢听玛丽讲父亲的故事，这种敌意还是持续了好几个星期。他开始表现出遗失重要物品的迹象，包括父亲寄来的明信片。这是感觉自己"被遗弃"的儿童的常见症状。他希望玛丽能为他找到这些东西。除此之外，他的发展状况似乎很正常（ibid, pp.296-300）。

此后，托尼有四个月没有再见到父亲。不过，其他亲戚来过，他对他们很友好，但并不热情。他似乎更喜欢叔叔而不是阿姨，并自豪地向其他孩子炫耀他们。第三个月的时候，托儿所曾邀请父亲过来与托尼同住至少两晚。当时托尼的敌意已经减弱了，他兴高采烈地帮父亲收拾着房间，不停地谈及期待中的探视。然而，由于父亲摔了一跤住进了医院，这次探视在最后一刻取消了。托尼开始跟玛丽之外的其他人谈论他的父亲。在为父亲收拾房间的过程唤起了他的许多（准确的）记忆，让他回想起9个月前父亲来看望他的那段时光。

托尼3岁11个月的时候，父亲终于来了，托尼冲向他，跳到他的怀里，非常高兴和热情。父亲由一位年轻女子陪同，父亲向他介绍那是他的未婚妻。和托尼打了招呼之后，她识趣地离开了。托尼畅所欲言，他对父亲说："我没有了妈妈，我只有你，然后是玛丽。"他还问了很多关于父亲军营生活的问题。他睡在父亲的房间里，和他一起生活了一阵子。他似乎没有很明显地嫉妒那个新来的女人，他对玛丽说："玛丽，这位女士要来看我。她很好，不是吗？我爸爸是这么说的。"他似乎能为父亲的幸福而高兴，但这位女士无法代替母亲。他告诉玛丽："不，我想要的不是这么一位女士，我想要一个妈妈。"他继续谈论着父亲，有些是真实的，有些是他想象中的事迹和性格，父亲叫他"儿子"，这让他印象尤其深刻（ibid., pp.296-305）。

托尼似乎真的开始喜欢未来有一个新妈妈，他说战后要回家和爸爸、新妈妈团聚。他的状况越来越好，对玛丽修女不再那么黏人和苛求，例如，玛丽把他放在床上之后，托尼很快就不再纠缠，让她自己去吃晚餐。他与其他男孩交上了好朋友，喜欢幼儿园、工作间和花圃安排的所有活动。他渴望进入小学。

1943年4月，托尼4岁3个月了，他的父亲没有预约，直接前来看望他，并带来了刚娶的妻子——并不是之前的那位女士。他事先没有给托尼任何提醒或解释。父亲让托尼亲吻他的新妈妈，托尼突然大哭，两个大人都大吃一惊。他设法控制住自己，在这次和随后的探视中表现得很高兴；面对玛丽，他出现退行，又变得很黏人，总是说着类似这样的话："玛丽，我不要这个妈妈，我要爸爸和我在一起。"

在夏天，托尼渐渐理解和接受了这一切。他回了一趟"家"，但回来后却无法与人交流这趟经历。他对玛丽说了一个担忧："有人告诉我，当战争结束时，很多士兵都会死去，我爸爸也会死，那时我该回到哪里呢？"

进入秋天，他还不到 5 岁就开始上小学了，起初，他似乎又有了进步。但后来就再次对玛丽产生了依恋和苛求，他在洗澡和就寝时间方面出现了问题，无论玛丽做什么都无法感到满足。他无法离开玛丽，最终甚至无法离开她去上学。

离他上次探家过去六个月之后，他终于能够向玛丽解释："家里还有一个宝宝……我爸爸说我必须和这个宝宝一起分享爸爸。玛丽，爸爸还是属于我的爸爸吗？"这是托儿所的人员第一次知道这个婴儿的存在，但托尼对其行为的描述"听起来准确而真实"。作者评论说："这意味着他无法应对这段经历，将其一直藏在心中，无法倾诉，被迫通过自身严重的问题行为来表达（ibid., pp.368-373）。"在《无家可归的婴儿》一书中，这个例子用来阐明儿童的问题行为应该得到包容，这是儿童学习应对自身情绪这一痛苦过程的一部分（Freud and Burlingham, 1944, p.594）。

战争时期经历总结

49 号报告总结了儿童和婴儿在战争时期的经历。经过令人迷茫和不安的经历后，大多数儿童都出现了行为问题，这些经历包括：失去父母一方或双亲，遭受剧烈的轰炸，不断转移住处；所有儿童都感受到了家庭生活的彻底解体。他们需要一段很长的康复期（通常三到四年），才能重新建立情感联结，理解自己的异常行为，重新走上正常发展的道路。至于那些婴儿，一部分人甚至从未体验过家庭生活。面对这些状况，关键在于建立良好的亲子联系，"至少保留住孩子们对家庭的一丝依恋"，并在托儿所里帮助他们沿着正常的路线发展（Freud and Burlingham, 1974, pp.472-475）。

10号月报中包含了一篇名为《幼儿对母亲式照料的需求》的文章，它发表于1941年10月战时托儿所的一次会议，是根据战时托儿所的工作经验所撰写的文章中最早的几篇之一（ibid., pp.125-131）。安娜·弗洛伊德指出，在和平时期，托儿所是家庭的辅助，是儿童福利服务链中的一环。但在战时，它们可能需要尝试弥补家庭、教育和儿童诊所的混乱所造成的空白。对于因逃难、轰炸而变得脆弱的儿童而言，托儿所不得不成为他们康复的家园。她强调：

> 也许人们还没有充分认识到，在形形色色的任务中，最艰巨的是减轻家庭生活破裂给儿童带来的冲击，并在母亲缺席时找到母亲关系的良好替代者。

（ibid., p.127）

她指出，托儿所的工作人员尚且有休息时间，母亲却一天24小时都要照顾孩子的需求。她也惊讶于母亲在托儿所日常工作中的角色缺失，认为即使在战争时期，父母的爱也不是奢侈品，而是必需品。她自己的托儿所尽可能地鼓励父母前来看望儿童，并且"要让父母参与托儿所的日常工作，乐于接受由此带来的任何干扰"（ibid., p.128）。

当然，前面讨论了减轻家庭生活破裂带给儿童的冲击会面临的困难，这一点同样适用于父母离婚、生病和离家工作等其他情况。这份报告也包含了一份关于关系发展的最早总结：在出生的第一年，从最初的"胃之爱"开始，婴儿逐步对母亲产生真正的依恋，这种依恋是"个人的、排外的、强烈的，伴随着嫉妒和失望，可以转变成仇恨，也能够做出牺牲"。这种关系随后延伸到父亲和兄弟姐妹。它对儿童的发展有两个方面的重要影响。第一，这是婴儿以后关系的模板。像人类其他能力一样，爱的能力必须经过学习和实践。早期关系的缺失或中断意味着之后的关系将变得脆弱和肤浅。第二，利用儿童最初的依恋，教育他们学会牺牲：

> 变得干净整洁，减弱他的攻击性，限制他的贪婪，放弃他原始的性欲。如果能得到父母的爱，他愿意为此付出这些代价。如果这样的爱无法获得，就不得不用威逼、利诱或反复灌输的方法来教育孩子，但这些方法都不能取得令人满意的结果。

（ibid., pp.130-131）

12号报告总结了托儿所运行第一年的研究成果，并对发展观进行了更详细的阐释。在生理方面，大多数儿童在寄宿托儿所生活得更好，即使在战时定量配给的情况下，他们也比战前贫困家庭的孩子吃得更好。与地下避难所和地铁站相比，他们在托儿所睡得更好。与自己家被炸毁的房子相比，他们的居住条件也更安全、更卫生，能够免受炸弹的伤害。生病时，有一位儿科医生和一群护士在舒适的病房照顾他们。但在心理方面，无论物质条件多么恶劣，与自己的母亲在一起时，孩子会很有安全感；反之，无论条件有多好，与陌生人在一起的安全感总是比不上前者。对这些孩子而言，哪怕身处地下避难所，能睡在母亲旁边是"他们都渴望回归的幸福状态"（ibid., pp.177-178）。即使母亲不那么称职，这一点也不会改变。

> 幼儿对母亲的依恋在很大程度上似乎与母亲的个人品质无关，当然也与她的教育能力无关。这句话不是基于任意一个母亲和孩子的案例。它是详细掌握了儿童精神的发展和结构的结果，在一定时期内，母亲的形象是整个外部世界唯一重要的代表。
>
> （ibid., pp.178-179）

儿童对分离的反应与依恋的发展状况有关

报告描述了这种依恋的发展状况和重要性，它是今后亲密关系发展的基础。在第一阶段（大约半岁之前），婴儿与母亲的关系由需求决定，母亲能带来满足感，消除不适感。与母亲的这种"特殊情感氛围"很重要。但在战争时期，婴儿是无助的，只能从母亲的替代者那里接受食物和照顾。留在战时托儿所的婴儿经历了短暂的不安：哭闹、睡眠困难和消化不良。"我们依然必须了解，这种不安在多大程度上是因为日常生活的混乱，又在多大程度上是因为个人的应对方式以及母亲所创造的特殊亲密气氛发生了改变"。在进入战时托儿所之前，这种不安更为严重（ibid., pp.179-180）。

半岁到一岁期间，当婴儿没有迫切的需要时，他也开始关注他的母亲。

> 他喜欢母亲陪在身边……已经可以欣赏或思念母亲……他急切地
> 需要母亲的爱，这会给他心理上的满足；正如他急切地需要食物和
> 照顾，能带给他身体上的舒适一样。

在这个阶段，与母亲分离后的障碍和异常会持续更久，不仅包括身体上的不适，还包括不愿与外部世界接触。只有当儿童与母亲替代者建立起新的关系时，微笑、友好和活泼才重新出现（ibid., p.181）。

儿童对分离的反应与客体爱的发展状况有关

一岁到两岁时，婴儿对母亲的个人依恋得到了充分的发展："现在可以放心地说，他爱她。"儿童的情感"获得了成人的爱提供的力量和丰富"，并且"儿童的本能欲望现在集中在母亲身上"。不过，儿童几乎是永不知足的；兄弟姐妹被认为是争抢母爱的竞争对手，父亲也是如此，尽管儿童也爱他。"由于这种情感冲突，他陷入完全复杂的情感牵连之中，而这正是人类情感生活的特点（ibid., pp.181-182）"。

> 在生命的这个时刻，儿童对离别的反应特别强烈。他已经学会
> 了去珍视他人，但离别让他突然感到，他被他世界里的这些人抛弃
> 了。他对母亲的渴望让他难以忍受，使他陷入绝望……观察者很少
> 能体会到幼儿这种悲伤的强度和严重性。
>
> （ibid., pp.182-183）

这是因为孩子来到世界的时间太短。与成人不同，儿童不能用回忆

过去和期盼未来来维持内心与家人的关系。他必须远离心中的母亲形象，不情愿地接受另一个人的安慰，他的需求变得十分迫切。对许多儿童而言，分离带来的冲击很糟糕，甚至在母亲来访时无法认出她。这不是因为丧失记忆，而是因为儿童感到失望，渴望并没有满足；"因此他心怀不满，有意识地拒绝了关于母亲的记忆"（ibid., p.185）。父亲更容易被认出来，因为儿童习惯了他们时在时不在，较少依赖他们来满足自身需求（ibid., pp.183-185）。

儿童对分离的反应与自我和超我的进一步发展有关

从出生后的第三年开始，儿童的智力逐渐增长，能够更好地了解真实状况，例如被送走有助于减轻分离带来的冲击（ibid., pp.186-190）。然而，由于俄狄浦斯式的竞争和敌意，以及父母对儿童的攻击性、破坏性、残忍的冲动和性冲动等方面的抑制和批评，儿童和父母之间的关系变得复杂起来。在这种教育中，父母利用了儿童对他们的爱，也利用了孩子对失去爱的恐惧。儿童需要适应父母的要求，以维持与他们的关系。在幻想中，他可能会短暂地希望父母死去或离开，以此发泄自己的愤怒和不满，但同时又害怕失去他们。只要父母不会真正消失不见，儿童就能逐渐解决内心的这些冲突，形成属于自己的道德。但是，与父母的分离似乎证实了他的恐惧和欲望。

> 爸爸妈妈现在真的走了。孩子被他们的消失吓坏了，并怀疑他们遗弃他可能是另一种惩罚，甚至是他自己糟糕欲望的后果。为了

克服这种负罪感，他过度强调他对父母的爱。这将分离带来的正常痛苦转变成难以忍受的强烈渴望。

（ibid., pp.189）

在战时托儿所，父母看望儿童的效果往往很糟糕，因为"孩子们表现得好像他们只是爱着那位缺席的母亲；对眼前真实的母亲，最主要的情绪是不满"（ibid., pp.186-190）。

3岁之后的儿童一般不会忘记父母。但通常情况下：

在幻想的生活中，缺席的父母似乎比真实的父母更好、更强大、更富有、更慷慨、更宽容。这是消极的情感……受到压抑，并产生各种情绪以及行为问题，而儿童和老师并不知道这些问题的起因。

（ibid., p.191）

然而，即使是在这个年龄，儿童也会建立新的关系，可能会渐渐与父母疏远。正是对这种情况的担忧促使许多父母把儿童带回家（ibid., pp.191-193）。在形成新的依恋之前，突然与父母分离的儿童可能会觉得自己处于"爱之荒野"，变得畏怯退缩。在这种状态下，一个5岁的孩子说："没有人在乎我。"一个3岁9个月的孩子说："我不喜欢你，我不喜欢任何人，我只喜欢我自己"（ibid., pp.209）。该报告最后指出，当儿童不得不与父母分离时，应循序渐进地交托，避免"人为制造战争孤儿"（ibid., pp.208-211）。

攻击性与焦虑的发展

考虑到儿童对轰炸和房屋损毁的反应与成年人不同，12号报告还论述了儿童的攻击性和焦虑的发展（ibid., pp.160-163）。如果儿童和母亲在一起，并且母亲保持冷静，他们就不太会因为轰炸留下心理创伤。幼儿看到被摧毁的建筑可能会毫不在意，甚至感到兴奋。作者指出，只有在成人的指导和支持下，儿童才能克服他们天生的破坏欲和攻击欲。成人能帮助他们控制自身的行为和欲望，发展出怜悯和谨慎等反向形成，以及形成"行善"而不是"行恶"的普遍道德倾向。

真正的危险不在于所有无辜卷入战争旋涡的儿童都会惊吓成疾。真正的危险在于这样一个事实：外在世界战火肆虐，这恰好与儿童内心迸发的真实攻击性契合。在应该教育儿童如何处理这些冲动的年龄，需要告诉他们的是，外在世界的战火横行并不意味着内心世界也应该欲望横行。在轰炸地点和弹坑周围，孩子们会拿着破烂的家具碎片玩得很开心，还会在倒塌的墙壁上互相扔砖头。当他们这样做的时候，教育他们去停止或反对破坏是不可能的。在度过了生命的最初几年之后，他们要与自身欲望作斗争，这些欲望表现为消灭那些他们嫉妒的、让他们感到困扰或失望的，或者以其他方式伤害了他们天真感情的人。他们的周围每天都有人死伤，故而让他们与自身死的欲望作斗争，这项任务肯定非常困难。应该保护儿童免遭战争的原始恐怖的伤害，这不是因为恐怖和暴行对他们来说过于陌生，而是因为我们希望在儿童发展的这一关键性阶段，他们能克服和排斥自己本性中原始的、残忍的欲望。

（ibid., pp.160-163）

　　以类似的方式，作者将儿童对空袭的五种焦虑与发展阶段、成人的反应联系了起来。

1　一旦儿童能够理解正在发生的事情，他们就可以感受到"现实焦虑"。但是幼儿很快就会远离不愉快的事物，有可能的话还会忽略它们。例如，儿童起初对邻居花园里一枚哑弹有点兴趣和害怕，并学会了远离玻璃窗不去看它。"通过不断地谈论可能发生的爆炸，我们可以吓唬他们，让他们继续远离玻璃窗不去看它"。但儿童更担心的是，由于危险，他们不能在自己的花园里玩耍，于是在一个星期后宣称："炸弹不见了，我们可以进入花园了"（ibid., pp.164-165）。

2　对于那些稍大一点的儿童而言，他们最近才学会控制自己的攻击冲动，可能会对自己的冲动感到焦虑，而这些冲动是由外部的破坏重新唤起的（ibid., p.166）。

3　正处于发展自身良知（即将他们所爱的成人的禁令进行内化）的阵痛中的儿童，常常会有一段时间在晚上做噩梦，或是被各种鬼怪吓到。具体的恐惧形式取决于他们自身经历（ibid., pp.166-169）。"对处于发展内心良知这一阶段的儿童来说，空袭只是旧恐惧的新象征"（ibid., p.168）。

4　不管他们的发展是处于理解现实、发展良知还是抑制自身破坏性的阶段，幼儿可能会因为母子之间原始的情感纽带而分担母亲的焦虑。如果母亲能够保持冷静和乐观，儿童就不会产生这种焦虑（ibid., pp.169-171）。

5　对于那些父亲被炸死的儿童而言，他们在安静的时候可能会试图用狂喜来对抗这些负面经历，但空袭可能会激发他们回忆、重现这些经历。这一情况通常与儿童分担了母亲的情绪和反应有关（ibid., pp.171-172）。

儿童对疏散的反应

儿童

然而，最重要的是儿童对疏散的反应。

假设战争只是威胁生命、破坏物质生活或者削减食物供给，它对儿童的影响还没有那么大。而事实上，战争会破坏家庭生活，抹杀儿童对家庭成员最初的情感依恋，其影响就变得更为重要了。因此，总的来说，身处伦敦的儿童对空袭爆炸的不安程度，要远远低于那些为防范爆炸而被疏散到乡村的儿童。

月报显示了托儿所的工作人员在知识上的进步。例如，7号和8号报告描述了从伦敦搬到乡村的过程，这一过程进展顺利，因为他们与熟悉的工作人员在一起，孩子们适应得很快（ibid., pp.79-81, 90-94）。然而，起初安娜·弗洛伊德和她的同事们认为，在伦敦托儿所里，母亲可以经常来探望儿童，所以不需要给儿童安排特定的母亲替代者，但14号报告提到的两份观察案例改变了这种观点，促使他们将模式改为家庭分组。首先，一些儿童对特定的工作人员产生了强烈偏好，跟着他们四处走动，希望得到那个特定者的照顾，原有模式会使得他们很容易失望。其次，一些儿童在发展阶段上滞后，或者很难克服与父母分离引起的逆反（例如大小便失控）。这些困难源于缺乏稳定的母子关系。因此，原本集体生活的托儿所被分为六个家庭小组，每个小组大约四个孩子，真正是一家人的要生活在一起，除此之外，分组主要遵循儿童和工作人员的意愿。每个"母亲"都要负责对应孩子所有的身体护理和基本需要。

汉西·肯尼迪是托儿所的一名工作人员，她后来接受了儿童精神分析师培训，成为汉普斯特德诊所的重要一员，并最终成为部门主任之一。她回忆起母亲替代者们最初的惶恐，对于儿童突如其来的新需求和问题行为，她们怀疑自己是否有能力处理好。但没过多久，儿童们就安顿下来，比以前效果更好。因为工作人员的私人事务，还有一部分人要参加培训，一些替代性关系被中断了，但另外一些维持了好些年。轮岗也会妨碍这种替代性关系，但程度较低，因为儿童和"母亲"之间依然可以保持联系（来自私下交流[1]）。

安娜·弗洛伊德描述了这一改变实施了两到三周后的直接结果，当儿童把对自己家人的依恋转移到工作人员身上时，他们的占有欲、对被遗弃的焦虑、嫉妒和打架行为都突然涌现。随后，当儿童越来越确信"母亲"不会抛弃他们，就算离开也会回来时，他们发展出一种更安静、更舒适的依恋。

与此同时，儿童的发展开始加快。那些以前似乎"不可能"学会上厕所的儿童很快就掌握了这一技能。洗澡变成了一项特别亲密的互动。这

1　这里指的是该段句子的参考资料来自学者们私下的交流，而并非公开出版的文献。——译者注

些反过来有助于语言发展落后的儿童迎头赶上。

安娜·弗洛伊德把所有这些事情归因于儿童的移情，他们将与家人的早期关系转移到了工作人员身上。依恋展现出激烈性和冲突性的一面，儿童发展重回正轨，这些因为"与家人分离而中断的依恋得到了完全恢复"（ibid., pp.219-222）。后来，当住在伦敦的孩子们被送到乡村去度暑假时，母亲替代者们与他们同行（ibid., p.239）。

依恋对于儿童是如此的重要，当伦敦托儿所的儿童因为新一轮空袭而不得不疏散到乡村时，托儿所付出了巨大的努力来维系儿童与自己的父母以及母亲替代者的关系。42号报告描述了当时的状况，为了不让儿童与母亲替代者分开，工作人员接受了过于拥挤和糟糕的住宿条件，不辞辛苦地每天将家具搬进搬出，白天作托儿所，晚上改儿童宿舍，第二天早上又重新恢复成托儿所（ibid., pp.419-421）。

43号报告解释了为什么不将儿童安置在其他地方，以解决空间上的局促：在安顿到安娜·弗洛伊德的托儿所之前，一些与父母分离的儿童总是无法得到良好安置，他们在托儿所里对母亲替代者重新产生了依恋，如果又一次与照顾者分开，他们会再次成为"问题儿童"（ibid., pp.437-451）。

在伦敦的托儿所里，父母的探望不受限制。实际上，大多数需要工作又不住在附近的父母都把时间安排在周末（ibid., pp.9-10），但在乡村托儿所，旅途的困难大大降低了探望的可能性。44号报告指出，为了克服旅途困难和燃料短缺的问题，托儿所提供了一辆公共汽车，让父母和其他亲属可以来乡村托儿所参加每月一次的"家长周日"。托儿所还为他们提供了餐饮。总而言之，工作人员会尽量使大家能够享受这些时光

（ibid., pp.455-456）。

母亲

与儿童分离也会导致母亲的情绪紧张，这一点得到了认同。一些月报试图反驳某些报刊文章对母亲的批评，报刊指责她们想摆脱子女，以赚取更多的收入，享受快乐的时光。作者指出，大多数父母都正在为子女努力（ibid., pp.9-10），他们当中很少会有人过得开心，大家都处境艰难（ibid., pp.250-251）。

4 号报告指出，和孩子一样，母亲也需要一段时间来习惯分离，从提出分离、商量讨论、一步步分开，再到分开后详细了解孩子的新环境、新行为和新发展，这都需要逐渐适应（ibid., pp.49-50）。

对于影响母亲行为的潜意识层面的情绪因素，15 号报告进行了更充分的讨论。报告描述了意识层面的冲突，例如，既希望孩子远离战争的危险，又认为没有人能像自己一样照顾好他；探望时，既希望孩子健康快乐，又总想去批评照顾他的人。敏感的儿童能感受到母亲的这些情绪，这让探望结束时的分离变得更加困难（ibid., pp.226-227）。报告接着论述了冲突背后的一些潜意识因素，例如，母亲有时也会觉得婴儿是一种负担，干扰夫妻关系，威胁自身健康，或者妨碍自己享受生活。这种感受通常是压抑的，想要抛弃孩子只是一种潜意识的欲望，但迫不得已的分离可能会唤起母亲对这种欲望的焦虑或内疚（ibid., pp.234-235）。

后来的几份报告描述了托儿所社工詹姆斯·罗伯逊的实践，他花了大量时间与父母工作，以保持父母和儿童之间的联系，在战争结束时，为了让儿童最终能与父母团聚，他还制定了精心的计划（ibid., pp.459-

460, 505-510, 512, 519-520, 532-536）。他和乔伊斯·罗伯逊后来成为改革儿童医疗和寄养服务的先驱，这些举措正是他们之后改革的雏形（Bowlby et al., 1952; Robertson, 1952; Robertson and Robertson, 1971）。

抚养和教育的原则

后来的一些报告论述了工作人员帮助儿童时应该遵守的早期抚养原则。49 号报告论述了教育的总体目标："避免儿童的反社会行为，根据成人社会的道德规范来调整欲望"（Freud and Burlingham, 1974, p.475）。

"过时"的方法是压抑，不仅要求儿童不再主动表达被禁止的欲望，甚至将其在他们头脑中消除。惩罚和奖励似乎很快就能奏效，但这可能使儿童被过度限制，无法理智地控制本能和欲望，或者让本能和欲望随着成熟而改变。"那些令父母满意的孩子，他们表现'优秀'且适应社会，但与此同时，在很多情况下，他们的人格会变得压抑、停滞或者贫乏，这会让父母感到失望或绝望"（ibid., pp.476-477）。

"时髦"的教育方法不希望儿童因为欲望经常受挫或受批评而困扰，但这可能会走向另一个极端。这种方法让儿童"任意妄为，肆意成长"，没有给予他所需要的帮助和指导，改变和引导他的本能力量。没有这种帮助，儿童可能会害怕自己的本能力量，他们能感觉到周围社会对这些本能的否定态度，但无法适应，从而变得焦虑、不满意和不快乐（ibid., pp.477-479）。

战时托儿所采用了循序渐进的方法，帮助儿童逐渐习得控制力，而不会出现突然的情绪波动或行为改变。"正如实现身体和智力发展一样，在应对本能方面，儿童也是通过克服困难任务以及一次次失败来学习成长的"（ibid., pp.479-480）。

喂养方法

53 号和 54 号报告讨论了喂养方法。报告指出，母亲或护士所采用的喂养方法是外在世界对儿童欲望的第一次干预。因此，对儿童将来适应环境要求来说，喂养方法极为重要（ibid., p.513）。作者强调了保持儿童进食乐趣的重要性，这能避免进食障碍。保持儿童进食乐趣，包括尽量减少成人对儿童的饮食方式、用餐时间和餐桌礼仪等方面的不合理规定。例如，循序渐进地引入新食物；既不强迫儿童进食，也别让儿童饿得太久，乃至超过这个年龄和发展阶段能承受的时间；即使刚开始一团糟，也允许他用手指或工具来自己吃饭（ibid., pp.514-518, 522-524）。在战争时期，只要配给足够，托儿所允许幼儿有多种食物选择，结果发现，他们的选择比较均衡，例如，他们会把前一天遗漏的食物在今天补上；如果允许他们把第一道菜放在一旁，等吃完布丁，他们会回头把第一道菜吃完。他们对自身需求有了很好的认识，体重上的增长也令人满意（ibid., pp.524-526）。

如厕训练

在 50 号报告中，伊尔丝·赫尔曼对如厕训练进行了讨论，这种训练与喂食不同，必须阻止儿童维持本能的快感（ibid., pp.482-483）。她指出，如厕训练的时机应取决于儿童在身体上能否坐得舒适、在智力上能否理解成人的要求，以及他能否与成人保持良好稳定的关系，这些通常发生在 1 岁左右。此时，儿童会受到欲望的驱使，试图取悦大人、得到关爱以及避免批评（ibid., pp.485-486）。但即便如此，如厕训练也需要很长一段时间，因为儿童的训练过程要经历各种阶段：理解要求是什么；与母亲（或替代者）争夺获得本能快感的权利；努力放弃对自身排泄物的重视；发展出对肮脏的厌恶和对干净的愉悦；在训练失败时处理好自己的焦虑和苦恼。称赞儿童的每一次成功是帮助他掌握如厕的最好方式，只有在训练的早期，儿童和成人之间还存在争夺时，成人才能温和地表露出失望。一旦儿童开始发展出自身的内心冲突，在渴望变得干净和渴望享受大小便之间纠结，成人就需要对儿童的失败表示同情，而不是火上浇油，在儿童的自我批评之上又加入成人的批评。通过一些方法，儿童可以找到原始冲动的替代，例如，去玩沙子、水、黏土和颜料等，或者是不受限制地谈论这个话题（ibid., pp.486-494）。

在家和在寄养机构抚养的儿童的发展状况对比

《无家可归的婴儿》于 1944 年第一次出版，该书比较了在寄养机构抚养的儿童与在家庭中的儿童的发展状况。除极少数方面，寄养儿童的发展状况都要更差一些。1974 年，这本书再版，这一版本的前言评价说，现如今的看法更加不支持寄养。

　　　　无论是在儿童教育、照料还是精神分析领域，我们对儿童发展的了解与日俱增，这些知识都指向儿童成长的三个需要：需要与母亲有亲密的情感交流；需要对先天潜能进行充分和持续的外部刺激；

需要持续不断的照料。这三者凌驾于所有其他需要之上。经验表明，即使寄养机构的组织方做出再艰苦的努力，也注定无法充分满足其中任何一项需要，更不用说满足全部三个需要了。

（Freud and Burlingham, 1974, pp.xix-xx）

从本质上讲，这本书论述了儿童生活环境和亲密关系稳定的重要性。家庭生活的破裂会造成不利影响，突如其来的战争和其他许多常见问题也会造成类似的不利影响。在安娜·弗洛伊德后期的文章《发展路线的概念》（1963a）中，她仔细阐释了发展的各种领域（见第六章）。

寄养的优势

本书一开始就指出了在寄养机构和在家庭中抚养的儿童之间的差异。寄养机构儿童可以和中产阶级儿童一样行为适应良好，但这只是表面，他们的性格发展往往更像贫困儿童或被忽视儿童（Aichhorn, 1925）。安娜·弗洛伊德和多萝西·伯林厄姆指出，与低收入家庭的儿童相比，战时托儿所中的儿童在一些领域发展得更好，因为他们有更好的卫生条件、更加精心准备的食物、更均衡的饮食方式、更专业的工作人员的照料、更好的玩具和设备、更宽敞的生活空间以及更清新的空气。5月龄左右，与奶瓶喂养的家庭抚养的婴儿相比，寄养的婴儿看起来更健康，体重增长更规律，消化不良的现象更少。然而，无论身在何处，母乳喂养的婴儿总会发展得更好些。在托儿所中，可以由自己的母亲母乳喂养的婴儿表现得最好。一两岁时，托儿所中的儿童在运动和肌肉控制方面发展得更好，因为工作人员的悉心监督，他们有了更多的运动和探索的机会，在玩玩具和其他物品时不会伤到自己，也不会破坏手中的物品。幼儿变得更有自理能力，包括穿脱衣物、摆好吃饭的桌椅以及自主进食。同家庭儿童相比，他们的食欲一般都很好，较少有进食障碍，因为他们的进食乐趣受到的干扰最小。在吃什么和如何吃方面，他们被给予了尽可能多的选择。更重要的是，进食并没有成为与母亲相互斗争的领域（Freud and Burlingham, 1944, pp.543-558）。

家庭养育的优势

　　然而，有些领域的发展需要与母亲或家人建立亲密的关系，以提供动力或刺激，在这些领域里，托儿所中的儿童发展得较为缓慢。因此，在6个月到1岁左右，家庭中的婴儿表现得更活泼、更热情，对几位关爱他的人的出现和离开非常在意。在家里，母亲和孩子之间的情感互动可以持续一整天，而在托儿所，这种互动主要局限于洗澡、更衣和进食时间。第一年的言语发展旗鼓相当，因为婴儿开始喜欢现实中的声音，尝试着牙牙学语。但在第二年，托儿所儿童的言语发展就落后了，这个阶段的言语学习依赖于儿童与母亲的交流以及理解家人言语的渴望。同样，托儿所中儿童的如厕训练也更缓慢，因为这也取决于儿童是否希望取悦母亲（ibid., pp.545-554）。

同伴关系质的差异

　　在人际关系领域，托儿所中的儿童不只是发展相对缓慢，而是与家庭中的儿童相比存在质的差异。托儿所中的幼儿必须更早学会照顾自己，更早学会与其他同龄和同一发展阶段的儿童打交道，而家庭环境的保护性更强，排行靠后的孩子还能获得哥哥姐姐的关爱（ibid., pp.559-561）。在托儿所里，与其他儿童的关系得到了过早的刺激和发展。作者描述了托儿所儿童对同伴的一系列反应和互动（ibid., pp.559-585）。这些构成了安娜·弗洛伊德（1963a）发展路线的基础，即从自我中心到建立友谊。

　　一开始，婴儿对其他儿童的感受几乎没有概念，所以他们对其他儿童漠不关心，对待他们就像对待玩具或没有生命的物体一样。

　　　　弗雷达（20个月）接连推倒了四个儿童，试图坐在他们身上摇晃。他们相继开始哭泣，工作人员不得不把他们从弗雷达身边救出来。弗雷达失去了推搡的目标，于是找了五个布绒玩具，把它们堆起来，坐在上面摇晃。

（Freud and Burlingham, 1974, p.563）

　　婴儿可能会对别的孩子充满敌意，因为将他们当作一种障碍，例如，嫉妒别的孩子与成人的关系，或者是充满嫉妒地害怕想要的玩具被夺走。

　　　　阿格尼丝（19个月）坐在护士的大腿上；伊迪丝（16个月）试图推开她，但没有成功。伊迪丝打了阿格尼丝，然后两个人开始互相拉扯头发。护士把阿格尼丝抱到她的另一边，保护她不受伊迪丝的伤害，因为伊迪丝更强壮一些。伊迪丝突然感到受挫，愤怒地看着护士，打了她一下，扯了她的头发，然后又突然抚摸她，给了她一个吻。

（ibid., pp.564-565）

特里（2岁2个月）喜欢一只玩具狗，其他所有的孩子不知何故都接受了这样一个设定：特里拥有玩这个玩具的优先权。在他回家待上两天半的时候，阿格尼丝（19个月）得到了玩玩具狗的机会。特里回来后，他想拿回这个玩具，但阿格尼丝并不想交出来。特里拉着玩具狗摇了摇；阿格尼丝尖叫起来，但依然紧紧抓住它。特里把玩具狗扔掉，阿格尼丝跟着倒了下去。她一只手紧紧抓住玩具，另一只手抓住特里的腿。特里抓伤了阿格尼丝。阿格尼丝站起来，仍然抓着那只玩具狗，并拉扯着特里的头发。

（ibid., pp.565-566）

起初，儿童没有意识到自己会对另一个儿童造成伤害。例如，拉里（16个月）经常从另一个儿童那里拿走玩具。对方哭的时候，他非常惊讶，不知道自己做了什么（ibid., p.567）。

接下来，他能够意识到别人受到了伤害，但这并不会困扰他，他甚至很享受这种伤害。最后，他能够开始对此感到抱歉（ibid., pp.567-568）。

迪克（2岁3个月）正处于对其他儿童特别有攻击性的阶段。他脸上的表情毫无疑问地显示，他享受着他给别人造成的各种伤害。当他依恋上某个护士时，这种反应就慢慢改变了。有一次他又攻击了艾达（22个月），手指间还夹着扯下来的一绺头发，所以被发现了。护士责备他的行为。他感到后悔了，回到艾达身边，握紧拳头放在她头上，张开手指，小心地把那绺头发放回原处。

（ibid., p.568）

起初，儿童可能无法抵御来自其他儿童的伤害。他们可能会对一次攻击感到惊讶，即使他们自己也会做同样的事情，例如，"萨姆（21个月）正在平静地拍球，拉里（19个月）突然把球拿走了。萨姆无助地看着自己空空的双手，开始哭了起来"（ibid., p.570）。

随后，孩子们会逐渐找到保护自己的方法。

> 索菲（19个月）手里有一块脆饼干，拉里（19个月）非常想要。拉里一走近她，她就开始尖叫，显然猜到了他的恶意。当她尖叫时，拉里收回了手……他多次试图抢走脆饼干，但索菲没有给他机会。最后，他失望地走开了。
>
> （ibid., p.571）

当幼儿能够理解受害者的感受时，他们就会产生怜悯之心，可能试图安慰或鼓励另一个儿童，例如，"维奥莱特（2岁4个月）坐在角落里哭泣。阿格尼丝（19个月大）突然冲向旁边的玩具盒，拿出两个玩具，立即把它们交给了维奥莱特，然后又跑开了"（ibid., p.572）。

他们也可以在理解对方需要的基础上互相帮助。

> 罗斯（19个月）坐在一张桌子旁，喝着她的可可。伊迪丝（17个月大）爬上来，试图从罗斯嘴里拿走杯子。罗斯惊讶地看着她，然后把杯子转过来递给伊迪丝，让她能喝到可可。
>
> （ibid., p.574）

有些儿童更强壮，有些儿童发展得更好，因此，这些同伴之间也可以相互"教育"。

> 弗雷达（21个月）拽了萨姆的头发。萨姆（21个月）哭了，但没有反抗。杰弗里（2岁4个月）迅速穿过房间，打了弗雷达两下，然后安慰萨姆。萨姆停止哭泣时，杰弗里再次转向弗雷达，愤怒地看着他，弗雷达立即缩回到角落里。然后杰弗里走开了，显然对自己的表现很满意。
>
> （ibid., pp.576-577）
>
> 布里奇特（2岁6个月）第一次参加了大孩子们的晚餐，她不知道怎么拿叉子。她的朋友迪克（3岁2个月）一开始看着她，然后说："不是那样的，布里奇特，看我。"布里奇特看着他，在整个用餐过程中仔细地模仿着他。
>
> （ibid., p.580）

相比于在家庭中抚养的儿童，寄养的儿童之间更有可能形成长久的友谊（ibid., pp.581-583）。

> 雷吉（18~20个月）和杰弗里（15~17个月）成了好朋友。他们总是在一起玩，很少关注其他孩子。当雷吉回家时，这段友谊已经持续了大约两个月。杰弗里非常想念他，接下来的几天他几乎不怎么玩耍，而且比平时更爱吮吸拇指。
>
> （ibid., p.581）

儿童也互相表达爱意。

在儿童们午休时，进入休息室的护士发现保罗（2岁）和索菲（19个月）站在儿童床的一端互相亲吻。她被逗乐了，笑了起来。保罗转过身，对她笑了一会儿，然后又用双手抱着索菲的头，一遍又一遍地亲她。索菲也笑了，显然很高兴。

（ibid., p.583）

第二次世界大战后，一个由6名从集中营中解救出来的儿童组成的团队被送往英国，他们的情况更明显，能体现与父母分离的儿童对同伴产生依恋的好处。他们的父母在孩子出生第一年就在毒气室中被杀害。孩子们通过不同的路线抵达泰瑞辛[1]，汇合成为一个团队。那些试图照顾他们的成人，除了满足他们饮食起居的基本需求外，几乎无能为力。在英国，面对新的照顾者，这些孩子起初充满敌意，咄咄逼人，难以管教，但彼此之间非常依赖。他们拒绝分开，尽可能地相互照顾。他们心甘情愿地彼此分享，甚至不愿独自接受优厚待遇，也不愿在集体郊游时分开行动。他们对彼此的态度和感受很敏感，而且他们之间很少有敌对、嫉妒或竞争。几个星期过后，他们开始对成人产生个人依恋，但并不及他们彼此之间关系深厚（Freud, A., 1951a）。

---

1 又叫特莱西恩施塔特，捷克境内的一座小城，第二次世界大战时期纳粹在此建立集中营。——译者注

与成人的关系：母亲

在不那么极端的情况下，儿童对同伴的感情无法补偿他对父母的感情。对于由寄养机构抚养的儿童而言，他们对父母的感情"无法得到充分发展和满足"，但"一旦提供了一点点依恋的机会，这种感情就会迅速建立起来"（Freud and Burlingham, 1944, p.586）。在托儿所人为分组的家庭中（如14号报告所述），儿童很快就产生了同在正常家庭中成长的儿童一样的情感反应。他们对特定的护士产生了强烈的、独占性的依恋，这使他们要求更加苛刻，但也更愿意为她做出一定牺牲（正如他们在如厕训练中的表现）。同一家庭组中的儿童形成了兄弟姐妹间特有的、嫉妒与宽容相混合的牵绊，但这种宽容并没有延伸到家庭之外。他们能理解其他家庭的存在，也能理解特定儿童是由特定的成人进行照顾（ibid., pp.586-587）。

> 布里奇特（2岁半）属于护士琼的家庭，他非常喜欢琼。有一次，琼病了几天，当她病愈回到托儿所时，布里奇特不断地重复："我的琼，我的琼。"莉莉安（2岁半）也说过"我的琼"，但布里奇特对此提出反对，解释说："琼是我的，露丝才是莉莉安的，而基思有自己的伊尔丝。"

（ibid., p.588）

对父母形成依恋的儿童更容易接受教导，表现力更强，个性发展更充分。但他们也变得更苛刻，占有欲和嫉妒心更强，也往往更黏人——尤其是那些曾失去亲人的儿童。由于对养母和教师的情绪反应不同，儿

童对养母和教师的行为差异通常反映了他在家庭和学校的行为差异
（ibid., pp.590-591）。

最初的母爱为儿童将来的人际关系奠定了基础，丰富了儿童的情感
生活。"就像其他所有的爱一样，母爱包含着大量的困难、冲突、失望和
沮丧"（ibid., pp.590-591）。儿童往往不能清楚地表达他所有的感受。

> 17个月大的时候，吉姆离开了温柔的母亲，来到我们托儿所，并
> 发展良好。寄养期间，他对两位先后照顾他的年轻护士形成了强烈的依
> 恋。尽管他在其他方面是一个适应良好、活跃和友好的孩子，一旦涉及
> 依恋却很难应对。他的依赖性和占有欲太强，一分钟也不愿意与护士分
> 离，不断地提出要求，却无法以任何方式明确表达想要什么。吉姆躺在
> 地板上失望地哭泣，这一景象时常发生。一旦他最喜欢的护士不在，即
> 使就那么一小会儿，这些反应也会停止。那时他显得安静而冷漠。一方
> 面是爱，另一方面是强烈的沮丧，在他身上，这两者似乎密不可分。
>
> （ibid., pp.590-593）

如果亲子关系中不存在这种令人苦恼的难题，儿童的发展状况就难
以变好，对于这个问题，作者回答道：

> 如果变好指的是更理性，不感情用事，那从这个层面讲，我们都
> 会变得更好。事实上，儿童的正常成长并不意味着抛弃非理性的情感
> 依恋，而是去学习如何处理这些情感，以及随之而来的痛苦和不安。
>
> （ibid., p.594）

　　一面是依恋的破裂和中断，另一面是情感的贫乏，当你在两种
弊端之间做出抉择时，后者其实更加糟糕，因为……更不利于性格
的正常发展。

（ibid., p.596）

　　文中一个很不起眼的评论提到了分析师们如今称之为"反移情"的
议题。儿童通常会从现有的一群成人中"选择"一位成为他们的养母。在
这种选择过程中，他们往往会与某位成人"心有灵犀"，这使得成人也很
容易被某个特定儿童所吸引。作者指出，对于那些与儿童工作的专业人
员来说，认识并控制自己的这种情感倾向很重要。

　　托儿所里的成人是儿童情感的对象和宣泄口，随时可供儿童使
用；但反过来，无论是积极还是消极情感，儿童都绝不应成为成人
毫无节制的情感的宣泄口。

（ibid., pp.597-598; see also Freud, A., 1930, p.131）

　　作者接着论述了这种与父母替代者的关系如何满足儿童的本能需求，
以及它们为何必然失败。在与母亲的身体互动中，婴儿获得了快乐，在
某种程度上，这种快乐也可以通过与护士的手或手指头玩耍、将食物放
进护士和自己的嘴里等方式来满足。但是与护士相比，真正的母亲通常
会更频繁地与孩子进行身体互动，而护士还需要照顾其他孩子，履行其
他职责（Freud and Burlingham, 1944, pp.599-605）。因此，同在家庭中
抚养的婴儿相比，由寄养机构抚养的婴儿的自体性欲行为和自体攻击行

为更频繁。吮吸拇指、摇摆和自慰是常见的自我安慰方式，也是面对分离常见的退行反应。敲脑袋也是一种常见反应，用于表达沮丧和无能为力的愤怒（ibid., pp.605-612）。

无论是为了炫耀自己的身体、物品还是表现，儿童的表现欲能帮助他们获得父母的赞赏和鼓励。在托儿所中，这种欲望没有太多机会满足，而当表现欲无法聚焦于单个依恋客体时，儿童可能会不加区别地向陌生人炫耀（ibid., pp.612-620）。

与优秀的学校一样，托儿所可以利用儿童天生的好奇心来提升学习兴趣。好奇心的一些表现具有破坏性，比如，把东西拆开看看它们是如何工作的，这种表现可能在家庭中不讨喜，或者对儿童有危险，导致大人限制了儿童的冒险和探索精神。让孩子寄宿在托儿所往往比在普通家庭中抚养更容易满足这种好奇心，因为他们有设施和专业的工作人员，可以将好奇心引导到积极的方向。然而，在寄宿的托儿所里，除了有很多机会看到其他孩子赤裸的身体，性好奇不那么容易得到满足。儿童几乎没有机会观察工作人员私生活的方方面面。他们甚至可能看不到大人睡觉或吃饭。他们也不会经历普通家庭对金钱或购买食物的担忧。在战时托儿所里，儿童反而对工作人员的会议、轮班情况等非常好奇。作者表达了一种担忧，寄养机构有着自己的一套设置和人为规定，他们害怕儿童将寄养机构当成了真实社会的缩影（ibid., pp.624-633）。

总之，他们认为，婴儿最初是通过分享身体上的快乐来学会爱。这种快感的缺失会导致个体退行到自体性欲行为，还可能退缩回自己的心理和情感世界。对儿童表现欲的赞扬有助于发展能力、天赋和才华；缺乏赞扬则可能会阻碍这种发展。好奇心的部分满足可以激励儿童更好地学习和发展。拒绝给予儿童知识或获得知识的机会可能会抑制智力的发展（ibid., p.634）。

与成人的关系：父亲

作者指出，母爱是幼儿最迫切的需要，当他受伤、害怕或不开心时，母亲就是儿童最需要的人，尽管如此，儿童也需要父亲。在维系家庭和帮助儿童成长方面，父亲起着与母亲不一样的作用。众所周知，父亲的缺席对于儿童和青少年的违法行为有一定影响。在如今的普通家庭里，孩子会羡慕父亲的体格和力量，模仿他做的各种事情。父亲渐渐得到认可，因为他是物质条件的提供者，是母亲背后的力量，强化了母亲对儿童道德发展的批评、赞许和引导。因此，他也会成为儿童愤怒和沮丧情绪的对象。他还是争夺母亲关爱的竞争对手，并且在俄狄浦斯期，不同性别的儿童都处于激烈的情感发展阶段，此时父亲扮演了竞争对手或爱之客体的角色（ibid., pp.635-641）。

在战争中，托儿所提供的是母亲的替代品，而不是父亲。虽然儿童们表面上似乎更愿意接受与父亲的分离，而不是母亲，但他们仍然坚守着内心的父亲形象。父亲被杀死的儿童无法接受父亲的死亡，他们产生了许多幻想，以此来抵御内心的丧失和剥夺（ibid., pp. 641-643）。

伯蒂（5岁半）的父亲死在空袭之中，他说："为什么所有被杀的父亲不能重新成为婴儿，再回到妈妈身边呢？"

"上帝能让我爸爸活过来，不是吗？如果人们被杀了，上帝为什么不能把他们重新聚集，从天堂送下来？我知道原因：因为他还没

有把所有东西安排好。战争结束后，上帝将再次拥有一切。我们必
须等到战后，那时上帝才能让人们重新聚集。"

（ibid., pp.641-643）

缺席的父亲同样是幻想的主题，例如，前文详细地描述了托尼的故
事，他的母亲死于肺结核，父亲几乎只有在休假时才能来见他。丧母的
托尼无比重视他的父亲，谈论并想象了很多与父亲有关的事情。

4岁左右的时候，父亲的形象在他的脑海中挥之不去……每次谈
话中，他都会不断提到父亲的名字。采摘黑莓、鲜花和树叶时，他
想把它们都完好地留给父亲……不喜欢洗头时，他会问："我爸爸洗
头时会哭吗？"洗澡的时候，他会说："我爸爸可以在水里潜水。"
虽然不喜欢绿色蔬菜，但为了"像我爸爸一样强壮"，他还是会吃。

（ibid., pp.643-645）

鲍勃是一个私生子，根本不认识自己的父亲，他的例子也许最适合
证明儿童对父亲的需要（ibid., pp.645-649）。尽管是私生子，他还是幻
想出了一个父亲。来到托儿所之前，他换过好几个寄养家庭，最后一位
养父可能成了他最初幻想的基础。这位养父在他2岁8个月的时候来看望
过他，养父离开后，鲍勃哭了。他以前很少见到母亲，进入托儿所后，
母亲就开始每天来看他，因为她就在附近工作。他与母亲以及托儿所里
的母亲替代者有了牵绊，不再提起他的父亲。但从3岁2个月开始，他开
始说起父亲的来访和送的礼物，他言之凿凿，让人们起初以为那个人可

能是他母亲的朋友。他声称一个玩具车是父亲送给他的，但它实际上属于另一个孩子。人们怀疑他在撒谎，他却坚称父亲是真实存在的。从大概3岁5个月开始，鲍勃处于一个相当顽皮和具有破坏性的时期，他无法控制自己的贪婪和过度暴露的自慰行为。他会解释："我爸爸叫我这么做的。"有一次，他煽动其他孩子把毛绒玩具扔进厕所，然后他感到不安并承认："是我干的。不过是我爸爸叫我这么做的"（ibid., p.647）。

3岁6个月时，母亲把他介绍给一个"叔叔"，后来这个人再也没有出现过。但是鲍勃把他当成父亲存在的证据，并不断回忆那次探望的细节。3岁10个月，他母亲认识的一个9岁男孩（与鲍勃同名，所以叫他"大鲍勃"），成了鲍勃心中的完美形象，他能做到鲍勃向往的每一件事，拥有鲍勃渴望的每一件东西，他也代表了鲍勃的良知："大鲍勃不喜欢我调皮。"

4岁时，关于父亲的幻想展现了鲍勃自身暴力性的情绪和欲望："叔叔杀了我爸爸，我的新爸爸来杀了我叔叔。"或者，"爸爸从飞机上摔了下来。他是一颗炸弹，他摔倒了，变成了碎片"（ibid., p.648）。这时，他开始对母亲替代者说脏话。

大概4岁6个月的时候，父亲和大鲍勃的幻想融合成了一个新的父亲形象，他不会做错任何事，并能真实地纠正每一件出错的事情。例如，看到一所被炸毁的房子，他说："我爸爸有很多炸弹，它们不会炸毁房子"（ibid., pp.648-649）。或者，金丝雀死了，他会说："我爸爸有很多小鸟，它们永远不会死"（ibid., p.649）。

这类资料展示了儿童在自尊、理想和良知的发展过程中认同和利用父亲的方式，以及如何在父亲缺席的情况下寻找合适的替代者。

作者描述了在儿童的成长过程中，在学习如何在日常生活中管理自

己并与他人打交道的过程中，他们会如何模仿和认同父母及其他重要的
成人。这会影响他们的行为方式。一些发展阶段是自发发生的，例如，
如果没有真实的男性作为模板，3 至 5 岁年龄段的男孩发展出的"男性"
特质可能表现为以怜悯的态度对待女性。其他方面的发展，特别是良知
的发展，需要对真实稳定的父母形象形成真正的、持久的依恋，而正是
在这一方面，寄养在托儿所的儿童最容易出现问题。通过与同辈群体的
相处，他们获得了"粗略而现成的社会适应方法"，但他们可能无法构建
内在的道德价值观，因为这得依托于长期的亲情关系（ibid., pp.650-
662）。

　　作者在这本书的结尾提出，在寄养难以避免的情况下，它给我们提
供了契机，去对儿童发展进行详细而完整的观察。这些关于个体早年情
绪和教育方面反应的材料十分珍贵，有助于在更正常的环境中抚养儿童
（ibid., p.664）。这正是安娜·弗洛伊德本人接下来所做的事情。

第四章
理论与技术：争论和影响

如何理解临床资料和其他观察资料？如何构建解释性理论？对于这些问题的探讨，是精神分析以及其他科学的命脉之一。如果学者们的争论具有建设性，那么这些探讨有助于推动知识的进步；有时，即使没有建设性，它也能带来知识的进步，只是稍慢一些。安娜·弗洛伊德卷入了多次这样的争论。在这里，我特别想介绍其中两次。第一次是20世纪40年代初英国精神分析学会内部进行的所谓"论战"，所有英国精神分析师都对此非常熟悉，也有一部分其他国家学者对此很有了解。这一分歧早在1927年就开始了，当时在伦敦召开了一次研讨会，专门批评安娜·弗洛伊德的儿童精神分析著作（Peters, 1985, pp.94-97）。

安娜·弗洛伊德和梅兰妮·克莱因都不是第一个尝试儿童精神分析的人。在这些先驱中，最广为人知的是赫米内·胡格·赫尔穆特（Geissman and Geissman, 1988, pp.40-71），安娜·弗洛伊德和梅兰妮·克莱因都很熟悉她的工作。尽管不是开创者，但确实是这两位女士最早在维也纳和伦敦赢得了一批追随者，建立了各自的流派。英国精神分析学会很早就对儿童精神分析产生了兴趣，并于1925年邀请梅兰妮·克莱因开展一些讲座（Grosskurth, 1986, p.137）。1926年，克莱因永久移居英国。等到

1938年弗洛伊德到达时，她已经在这里站稳了脚跟。

安娜·弗洛伊德和梅兰妮·克莱因对儿童精神分析技术及其相关理论，特别是早期发展理论有着不同看法，这些差异具有重要的价值和意义。但多年以来，由于各自根深蒂固的立场，思想间的交流日益困难。科学问题与政治、经济问题交织在一起，还涉及哪个流派能掌控英国精神分析学会的培训、运行以及送诊的分配。梅兰妮·克莱因和她的女儿梅利塔·施密德伯格之间的分歧也让局面更加复杂，后者得到了爱德华·格洛弗的支持，一些成员也改弦更张，拥护自己的培训老师（Grosskurth, 1986; King, 1994; King and Steiner, 1991; Young-Bruehl, 1988）。

随后，儿童心理治疗师协会（ACP）就理论和技术议题开展了热烈的、更卓有成效的讨论，不同的学派之间展开了争论。由于所有的儿童治疗师都和英国精神分析学会的成员一起进行个体精神分析，同样的立场问题也随之产生。但为了彰显专业水平，协会成员也会团结在一起。国际精神分析协会认为，只有那些既接受过成人精神分析培训又接受过儿童精神分析培训的人才能称为儿童精神分析师。而那些只接受过儿童精神分析培训的人，无法得到认可，成为精神分析师。"儿童心理治疗师"这个头衔个更容易被接受，就算它无法得到英国精神分析学会的积极支持，这种排斥也能让儿童心理治疗师协会更重视内部团结。因此，尽管有时候，ACP成员坚守各自的立场，但在另一些情况下，他们也很乐于探讨彼此的观点。

我想介绍的另一场争论是关于安娜·弗洛伊德和约翰·鲍尔比，这场争论没有第一场那么著名，但在某些方面更加有趣，因为在我看来，相比于梅兰妮·克莱因，安娜·弗洛伊德和约翰·鲍尔比的思想更接近。

但他们之间的分歧似乎被夸大了。

安娜·弗洛伊德和梅兰妮·克莱因

这两位女性都相信精神分析适用于儿童和成人，也认为儿童精神分析可以丰富个体发展方面的知识，而不应只依赖成人精神分析中的重构（Freud, A., 1928）。两人有着一样的担忧：就算是在精神分析学界，儿童的天真也可能会被关于性欲和攻击欲的讨论所破坏，或者儿童的冲动可能会通过精神分析过程释放出来（Freud, A., 1945）。然而，她们认为精神分析可以作用于儿童的方式不同。克莱因学派认为，通过对婴儿早期的精神病性残余进行提前分析，儿童的正常发展就可以得到保障，他们最初建议将精神分析作为儿童正常抚养的一部分。安娜·弗洛伊德认为，在许多情况下，将精神分析知识应用到管教之中就足以确保儿童的正常发展，精神分析应该留给那些有严重障碍的儿童（1928, 1945）。

不足为奇的是，安娜·弗洛伊德关于儿童精神分析技术的理论与梅兰妮·克莱因有着明显不同。安娜·弗洛伊德对儿童发展过程中许多相互作用的分支有着详细的理解，她十分重视儿童的现实关系对于促进其心理发展的重要性，这些都与克莱因对儿童幻想生活的强调形成鲜明对比。此外，克莱因更关注生命早期的精神病理起源，而安娜·弗洛伊德考虑的却是贯穿整个童年期的发展问题。她重视3~5岁儿童的俄狄浦斯情结，认为婴儿神经症在此阶段得到加强，这似乎意味着她低估了更早期障碍的重要性。然而，事实并非如此，从战时托儿所的观察记录中得出的观点（见第三章）已经证明了这一点。

在这里，我不想详细描述关于幻想发展的性质和节点的全部观点，也不想探讨把所有潜意识过程等同于幻想是否合适。其他学者已经对这些和许多其他议题进行了充分的讨论（例如 Hayman, 1994; King, 1994; King and Steiner, 1991; Sandler and Nagera, 1963; Sandler and Sandler, 1994; Segal, 1994）。可以说，克莱因和她的追随者们将幻想的概念扩大到了早期思维的所有形式，并用其来描述潜意识机制。安娜·弗洛伊德的工作正好相反，她试图区分不同形式的思维和幻想，并将幻想的内容和过程与防御机制、其他潜意识过程区别开来。

需要重点指出，克莱因强调，儿童的幻想生活是以聚焦于内在客体的本能冲突为中心的，对应的技术强调在早期对原始的性欲和破坏欲进行解释（Klein, 1932）。梅兰妮·克莱因和安娜·弗洛伊德对西格蒙德·弗洛伊德（1920）的生本能与死本能理论进行了截然不同的诠释。梅兰妮·克莱因将死本能作为一个临床概念，将其作为婴儿焦虑的主要原因，因为他们害怕破坏自己或属于他们的客体。安娜·弗洛伊德将其视为生物学层面的理论。她发展出一种关于攻击性的心理学理论，该理论更符合弗洛伊德的后期思想。她将攻击性置于结构理论的框架之下，而克莱因的理论则转向了本能之间的冲突。因此，与安娜·弗洛伊德相比，克莱因更直接地在临床上使用了弗洛伊德的死（或破坏）本能的概念，将其看成导致原始焦虑的主要早期原因；在她后来的工作中，她还引入了嫉妒的概念，作为这种破坏本能的具体表现（Klein, 1957）。克莱因的思想不断发展，渐渐不再使用弗洛伊德（1905）和亚伯拉罕（1924）假定的力比多阶段来描述发展，并用偏执-分裂心位和抑郁心位取代了弗洛伊德关于自我和超我发展的结构理论（Klein, 1935, 1946; Segal 1964,

1979）。克莱因还提出超我是在生命诞生的最初几个月形成的，而不是弗洛伊德认为的 3~5 岁这段时期。这些改变使得她的发展观非常简单明了，因为相对而言，她几乎不考虑认知的发展，这些观点可以对所有年龄段的儿童和成人做出类似的解释。她认为儿童与真实他人相处的经历有助于纠正其可怕的内心幻想，而并非对人际关系的模式发展具有首要的重要性。此外，她认为自我与客体之间先天的内在关系必须得到处理，这意味着在她眼中，成人精神分析与儿童精神分析大致一样，都会出现将这些关系移情到分析师身上的现象，这使得她在儿童分析和成人分析中都特别重视对移情的解释。

对于以上所有议题，安娜·弗洛伊德的观点都与克莱因不一致，她的论点源自对儿童的实践与观察，即他们在与父母的现实关系被阻碍的情况下会有何表现（见第三章）。

导入期

在安娜·弗洛伊德看来，年幼儿童的生存需要依赖父母，所以他不愿意接受别人的照顾，除非是极端的情况。因此，她并不认为正常的儿童愿意与陌生人交流。儿童不会自己提出要求，想要接受治疗。他们通常是不情不愿地由父母带来的。被儿童的症状所困扰的往往是父母，而不是儿童。儿童是否接受精神分析，更可能取决于父母的认知和意愿，而不是儿童自身障碍的严重程度。安娜·弗洛伊德依据这些情况得出了最初的观点，即导入期对于治疗师与儿童关系的构建来说十分必要。导入期的目的是让来访者渴望理解眼下的状况，积极主动寻求帮助，但这种状态往往只发生在成人身上，而非儿童（Freud, A., 1927, 1945）。正如她后来所说，"通过诱导一种有利于觉察的自我状态，提醒儿童自己内心的不和谐"（Freud A., 1965a, p.225）。

安娜·弗洛伊德认为，分析师需要通过与儿童结盟来获得他们的信任，她要表达对儿童的需要、恐惧和欲望的理解，并展现帮助儿童的能力，从而为"进行真正的分析建立必要的条件：痛苦感、对分析的信心和完成分析的决心"（Freud, A., 1927, p.11）。后期，她不再认为导入期一定是必要的，因为她认识到对防御机制和防御手段的分析可以达到同样的目的（Freud, A., 1974a, p.xii）。然而，重新审视她向儿童介绍分析时所使用的技术很有启发性。提到将自己与儿童"结盟"的时候，她实际上描述的是一系列方法，这些方法展现的是对每位儿童的需要和能力的敏感性。

某些例子中，"导入期"可能只是一次初次会面，比如一个6岁的女孩，她已经知道一些有关精神分析的知识，因为她的两个朋友正在接受分析。第一次见安娜·弗洛伊德的时候，其中一位朋友陪同她前往。第二次会谈，问到她认为父母为什么会送她来的时候，她回答说："我心里有个恶魔。能把它弄出来吗？"安娜·弗洛伊德解释道，这项任务将会漫长而艰苦，常常令人不愉快。经过一番思考，孩子同意了："如果你告诉我这是唯一的方法……那就这样做吧。"这个孩子已经准备好承认问题来自她自己（Freud, A., 1927, pp.8-9）。

很少有儿童能如此容易地与精神分析师达成一致。安娜·弗洛伊德引用了另一个个案，在这个个案中，她遵循了艾克霍恩（1925）关于与违法儿童工作的建议：为了与儿童一起工作而不是与儿童对立，工作人员必须先假定儿童对待环境的态度是合理的。一个11岁的女孩以各种方式与继母发生冲突，包括偷窃和撒谎。安娜·弗洛伊德对她说："你的父母对你无能为力……单靠他们的帮助，你不可能摆脱这些持续不断的争吵和冲突。或许你可以尝试接受陌生人的帮助。"这个孩子接受了安娜·弗洛伊德，将她作为反抗父母的盟友，但几周后她的父母终止了精神分析（Freud, A., 1927, pp.10-11）。毫无疑问，一系列类似案例使安娜·弗洛伊德强调，只有在父母愿意与分析师合作的情况下，精神分析才能生效。

在另一个个案中，导入期的工作需要花费更长的时间，这是一个10岁男孩，他的症状"令人费解"，夹杂着焦虑、紧张、"不真诚"以及任性的婴儿式行为。他没有意识到自身的问题，也没有意识到与父母的冲突。他拒绝并且不信任安娜·弗洛伊德，一心想隐瞒自己的秘密。安娜·弗洛伊德形容自己是通过"狡猾的方法"赢得了他的信任，她"强迫"自己成为另一个人，相信他没有她也行（ibid, pp.11-13）。她的措辞表明她认为这些"狡猾的"方法并非真的分析。事实上，如今，所有的儿童治疗师都认识到，对于那些精神病理方面存在着严重的发展扭曲或迟滞的患者而言，面对他们的抗拒，安娜·弗洛伊德所使用的方法是不可或缺的。她顺着他的情绪，参加他的活动，讨论他想要的任何话题，从山川地理到爱情故事。"我的态度就好像一部电影或小说中试图通过迎合观众或读者的低级趣味来吸引他们。事实上，我最初的目的只是让这个男孩对我感兴趣"。接下来，她开始写下他的白日梦和故事，并花点时间为他做些事情，从而让自己变得"有用"。当然，在这期间，她更加了解了这个男孩。接着，她展现了精神分析的"实际优势"，就男孩"应受惩罚的行为"扮演了他和父母之间的调解人。她成了一个可以保护他免受惩罚，帮助他弥补鲁莽行为后果的人，也就是说，一个他所需要的、有影响力的人。只有做到了这一步，她才能开始要求他放弃保守秘密，"这样一来，真正的分析最终得以开始"。她评论说，在这一导入期，她并没有从男孩的洞察力着手，而是建立了一个"足以支撑后续分析的纽带"（ibid., pp.11-14）。她把这点与保持积极的移情区别开来。她自己的论述也清楚地表明，她并不认为这些初步的技术是真正的精神分析。

另一个10岁的男孩因为嫉妒妹妹接受过精神分析，所以很乐意前来接受分析。但他不愿意改变自身的症状：突然爆发的愤怒和反抗，这与他原本胆小的性格不符。事实上，他为这些症状感到骄傲，这使他与众不同，他享受这些症状给父母带来的担忧，也就是说，这个症状是"自我和谐的"。在这个个案中，安娜·弗洛伊德不得不诱导他的人格产生分裂，将症状从"珍贵的所有物"转变为"困扰的外来物"。这一次，她用来在儿童内心制造冲突的"狡猾和不太诚实"的手段，是反复询问他控制自己的能力怎么样，并将他突然爆发的愤怒与疯子的愤怒相比较。男孩开始努力控制自己突然爆发的反应，并意识到自己做不到。这使他感到痛苦，接着要求得到分析师的帮助（ibid, pp.14-15）。后期，安娜·弗洛伊德认识到对防御的分析是另一种可用的手段，她可以将男孩的表现解释为防御性否认，因为害怕自己发疯，也可以解释为防御性夸大，通过为自己的力量感到骄傲来对抗缺乏控制力带来的羞耻感。

安娜·弗洛伊德促成分裂的另一个个案是一个7岁的女孩。经过长时间的准备，安娜·弗洛伊德将女孩的"劣迹"人格化，并赋予一个独立的名字。随后，女孩可以开始抱怨这个给她带来痛苦的人（ibid., p.15）。大多数儿童治疗师都会认识到，这是许多儿童为自己发明的一种手段：

幻想的同伴，有时是另一个真实的孩子，他们会把自己的缺点投射到他身上。这种转移让儿童在面对问题时能感觉更舒服，在儿童有能力取回自己分裂的部分之前，这一手段始终奏效。

在另一个个案中，安娜·弗洛伊德不得不处理妨碍精神分析的忠诚冲突。一个8岁的女孩突然开始频繁哭闹，她渴望得到帮助，但实际情况表明，她不愿意探究症状背后的深层原因。究其原因，她依恋自己的保姆，而保姆反感精神分析。女孩的父母分居了，她不得不在他们之间做出选择，而分析师和保姆之间的忠诚冲突重现了这种选择。对这种移情的理解不足以克服儿童内心的阻抗。安娜·弗洛伊德不得不让女孩去质疑她对保姆不问是非的忠诚。在这个个案中，安娜·弗洛伊德认为保姆的影响对儿童的整体发展来说是不利的，但她指出，有必要考量尝试剥夺某人对儿童的支持是否值得，因为这个人的影响在其他方面可能是有利的。然而，如果反对接受分析的人是儿童的父母，这可能就难以做到了（ibid, pp.16-17）。

我们可以看到，这些案例中所用的技术并不是简单地与儿童结盟来对抗父母，或者与儿童的一部分结盟来对抗分裂的另一部分。它们还包括了许多其他方法：让儿童参与到分析当中，在冲突尚未形成的情况下制造与年龄相适应的冲突，使儿童意识到痛苦以及他自己在延续痛苦方面所扮演的角色。总的来说，这些方法倾向于形成一个共同治疗的联盟，这一点可以与积极移情区别开来（见第七章）。

这与当时通过成人精神分析得出的观点截然不同，后者认为所有的障碍都是基于冲突的，所需的技术是揭示潜意识的冲突，帮助患者找到不同的解决方法。解释技术旨在揭示和解决冲突，它不适合那些缺乏内在冲突的，仍在与真实父母作斗争的，又或者是缺乏能为自身发展提供适当指导和模板的父母式人物的儿童。此外，如果一个儿童还没有充分信任分析师，还不能接纳可能有所帮助的话语，那就不适合对他进行解释，也不适合分析他不愿意参与精神分析背后的防御机制。

　　安娜·弗洛伊德认为，这些准备要素在成人精神分析中也存在，而分析师不一定能意识到。分析师最初的提问、评价和解释有助于患者理解自己如何审视内心、为什么要审视内心，开始对分析工作感兴趣，与分析师展开合作（1927, pp.19-35）。

儿童参与分析

　　安娜·弗洛伊德也意识到，儿童缺乏相应的认知和情感能力来理解为何需要治疗，也缺乏积极参与分析过程的意愿。对于年龄非常小的儿童，或者年龄较大但发展延迟或认知扭曲的儿童而言，他们可能没有发展出自我和客体之间的界限，需要积极的干预来建立这种界限。或者，他可能有一个有缺陷的超我，需要一个认同的模式来发展出足够的道德感。这与克莱因解释投射或投射性认同的技术不同，这些技术假定界限已经存在，儿童可以理解他正在否认属于他自身的东西，以及超我甚至从婴儿早期就开始出现。

　　安娜·弗洛伊德意识到儿童期待着外在而非内在的方法来解决问题：他希望父母能帮他解决一切麻烦，或做些什么让他感觉更好些。儿童不善于反省，也难以理解思考自己所思所想的必要性。幼儿还不能用言语来代替行动，也不能自由联想，因此儿童精神分析的实施无法依赖患者和分析师之间的言语互动；儿童也不能做到老老实实地靠在沙发或坐在椅子上（ibid., pp.36-49）。

她不愿用游戏完全替代自由联想，而自由联想正是梅兰妮·克莱因解决问题的办法。克莱因认为，儿童的游戏可以作为言语自由联想的替代品，而言语自由联想被分析师视为病人对分析的最重要贡献。她还认为，儿童的原始焦虑可以成为他参与精神分析的动机。安娜·弗洛伊德认为，克莱因学派的技术直接用潜意识的性幻想和攻击幻想来解释儿童游戏的象征意义，这会忽视儿童经验中的个体差异，甚至有可能是完全错误的。

安娜·弗洛伊德还强调，假定儿童在分析中所做的一切都是为了推进分析过程，这种想法是错误的。儿童不会把所有的想法都告诉分析师，甚至往往不希望得到分析师的任何帮助。儿童玩游戏是为了让自己开心，或者是碰到容易引起焦虑的陌生情景时，通过做一些熟悉的事情来分散自己的注意力，又或者是吸引分析师参与到儿童可以控制的活动。分析师试图将儿童游戏当作一种提供信息的方式。安娜·弗洛伊德认为，虽然儿童游戏确实有助于提供儿童的兴趣、恐惧、幻想以及他们如何看待世界等方面的信息，但它在信息方面并不能等同于成人的自由联想（ibid., pp.37-45）。

相反，她认为通过研究儿童情感的变化，可以更好地填补缺乏自由联想所带来的空白（Freud, A., 1936, pp.38-41）。儿童的情绪通常比成年人"更简单、更透明"，更容易看出是由什么唤起（ibid., p.38）。因此，通过它们可以了解是什么让儿童高兴、失望、嫉妒、恐惧等。如果儿童的情绪反应缺失或者不恰当，就揭示了他正在使用的防御类型，以及处理本能冲动的可能方式。她举了一个例子，面对一件能引起阉割焦虑的事件时，男孩通常做出的反应是变得有攻击性：穿着士兵的制服，用剑和其他武器武装自己，以避免焦虑。女孩可能羡慕或嫉妒她的兄弟时，就会假装成一个强大的魔术师，从而避免觉察到她的阴茎嫉妒。这样的观察为分析师提供了"针对自我防御性语言的翻译技巧"，类似于对自由联想中阻抗的分析（ibid., pp.38-41）。分析最终成功与否取决于儿童能否对分析师产生依恋，这种依恋可以让儿童认同分析师的分析目标。

教育的作用

安娜·弗洛伊德提出，儿童精神分析需要伴随着教育或再教育，这意味着父母或他们的替代者可能需要添加或改变对儿童的教育方法。这里有必要指出，安娜·弗洛伊德所说的是最广义的"教育"：在抚养中，通过提供道德指导，理解和应对生活任务和社会互动的模板，促进儿童的心理和情感发展；帮助儿童以建设性的方式克制和引导本能，找到社会可以接受的方式来表达或抵御激烈情绪、管理竞争和嫉妒、发展应对恐惧和焦虑所需的力量（Freud, A., 1930, 1934）。在工作中，她始终强调，促使儿童积极参与这一"教育"过程的是儿童对"教育者"的依恋。

在我看来，可能是因为她经常强调"教育"的作用，使得那些对她的工作只有肤浅了解的人将她视为教师而不是分析师。但她的所有著作都充分表明：第一，她将这种教育同精神分析治疗作了区分；第二，她的教育观涵盖了儿童所有内在的发展过程，这些过程可以受到儿童生活中重要他人的态度和要求的影响，因此属于真正的精神分析。

这一观点使她相信，在精神分析过程中，分析师可能还需要影响父母，因为父母的作用非常重要（Freud, A., 1928）。起初她认为，如果父母可以，再教育工作需要由他们来完成；如果他们自身过于不安或者难以胜任，再教育工作可以由其他人员（如辅导教师）进行。换句话说，这将是由分析师之外的人承担的额外工作，但受到精神分析思想的指导。后来，在汉普斯特德诊所工作期间，她开始认为许多"再教育"工作应该由分析师完成，因为这些工作需要精神分析技能，教师或家长并不具备（见第七章）。

移情

她坚信幼儿在天性上更愿意对父母保持积极情绪，而只将消极情绪传递给陌生人，包括精神分析师，所以她认为，大多数儿童分析将不可避免地从消极移情开始。这种移情会阻碍分析工作，除非儿童能对治疗师产生足够强烈的积极依恋，从而建立和维护治疗联盟。在儿童精神分析早期，移情和治疗联盟之间的区别并没有得到明确阐述，但后来安娜·弗洛伊德及其同事们对此进行了很多思考（见第七章）。儿童对父母的真正依赖降低了他对分析师产生移情的可能性：面对困难，儿童希望与那些卷入这些困难的人一起解决。

非常重要的是，安娜·弗洛伊德并不认为大多数冲突是在出生后出现的。她认为，最初由快乐原则支配的儿童经历的第一次冲突并非来自他自身，而是来自那些反对他的欲望或未能提供他所寻求的快感的人。只有在重要的关系中成长，儿童才能在内心发展出相互冲突的欲望：取悦和维系客体的欲望与其他各种渴望愉悦和快感的欲望相冲突。因此，从内在冲突的角度进行解释是不合适的，幼儿还没有发展到那个程度。对于那些缺乏亲密关系以发展出内心冲突，或者父母提供了有缺陷的发展模板的儿童而言，做出这样的解释也是不合适的。这些儿童并没有患上冲突性障碍，而是患上了缺陷障碍。

安娜·弗洛伊德后期的工作更详细地探究了儿童的客体关系在自我发展中所起的重要作用。但即使在这些早期阶段，她也认为，虽然对于具有强大自我和超我的神经症儿童患者而言，担忧分析会释放他们本能是不合理的；但对于孤僻、违法或"有其他缺陷"性格的儿童，这种担忧可能是合理的（Freud, A., 1945, pp.5-6）。早期，安娜·弗洛伊德认为这样的儿童不适合使用精神分析治疗，而是需要教育性帮助和恰当的关系。后来，她和汉普斯特德诊所的治疗师们一起开发了"发展性帮助"技术，该技术可以先于或结合儿童的"经典精神分析"，并且需要经过精神分析培训才能正确使用（见第七章）。

她认为，在一段恰当的关系中进行再教育工作，对于攻击性障碍的治疗显得尤为重要，因为在她看来，攻击性可以通过尊重客体的欲望和渴望维系客体来矫正。但要做到这一点，孩子们必须感受到爱，并学会用爱作为回报。如果没有这个前提，孩子就不会有取悦或维系客体的欲望（见第六章）。在驱力理论中，她将这种攻击性的矫正表述为它与力比多的融合。

驱力/结构理论

需要指出的是，安娜·弗洛伊德并不认为幼儿具有结构成熟、运作良好的超我，因此，不足以承担它与儿童本能欲望之间的冲突。她的观点是：超我是逐渐发展的，最初并不可靠，依赖于客体的外部强化。能够发挥作用时，又可能过于苛刻和严厉。这是因为它包含了太多没有融合力比多的攻击性，并且指向自己。因此，有时候，治疗师不得不解释超我的冲突，并试图帮助儿童矫正超我，让它不那么苛刻；但在另一些情况下，治疗师可能不得不帮助儿童建立超我并发展冲突，从而通过形成更为社会所接受的行为来解决这些冲突。

安娜·弗洛伊德之所以认为分析师不可避免地成为儿童的"真实"或"新"的客体，这就是原因之一。这也导致她怀疑儿童是否有能力形成超越真实关系的移情。

她还认为，分析师需要拥有权威的地位，足以让儿童将分析师当作父母的替代者。儿童的自我太不成熟，超我又太依赖为他提供模板的父母，这使得儿童在意识到自己的本我冲动及相关冲突后，难以为未来发展负责。他需要分析师的帮助，作为一种外在的自我理想来控制他的行为。当然，这使得有一点显得至关重要，那就是分析师和父母对精神分析的目标能否达成一致。如果父母反对儿童的改变，或者不同意分析师关于儿童如何才算"健康"的观点，那么儿童与分析师一起工作就成了奢望。在儿童的教养方式上，父母本身可能需要接受再教育。这些问题增加了儿童分析的难度，也让安娜·弗洛伊德认为，梅兰妮·克莱因对父母的角色缺乏足够的尊重。

另外，治疗幼儿的优势是：发展扭曲或异常的程度较低；天然的发展推力能帮助儿童避开糟糕的解决办法；分析师可以影响环境，使其更有利于儿童的发展，也可以影响儿童超我的发展（Freud, A., 1927）。后期，安娜·弗洛伊德还更具体地阐述了分析师如何影响儿童自我发展的能力（见第七章）。

安娜·弗洛伊德关于导入期和"教育性"措施（或者我们现在可以

称之为"补救性"措施）的必要性的观点，源自她对不成熟的认识。无论是适龄的幼儿，还是发展迟滞或有缺陷的更大龄个体，不成熟导致个体不适合基于解释潜意识冲突的精神分析技术。

安娜·弗洛伊德和梅兰妮·克莱因都将成人分析作为精神分析技术的模板，但克莱因认为成人分析和儿童分析之间几乎没有什么区别，只不过后者用游戏来代替自由联想，安娜·弗洛伊德认为，由于儿童的自我和超我不成熟，两者之间存在很大差异。成人精神分析对神经症患者使用的是冲突解释模型，对儿童分析的评判正是基于该模型，所以安娜·弗洛伊德总结说，按照当时对精神分析技术的理解，让儿童适合精神分析所用的技术规范并不能被视为精神分析技术的一部分。然而，在她后期的著作中，她提出了这样的观点：儿童精神分析最好被视为一门独立的学科，而不是成人精神分析下的一个分支。在这种观点下，儿童精神分析有自己专门的技术，其中可能包括她称之为"发展性帮助"的导入和教育工作（见第七章）。

安娜·弗洛伊德和约翰·鲍尔比

与克莱因学派的争论之后，安娜·弗洛伊德又与鲍尔比发生了进一步的争论。安娜·弗洛伊德在争论中阐述了她自己对依恋发展的看法，以及与鲍尔比的一致和分歧。

1958 年，鲍尔比向英国精神分析学会宣读了一篇他本人论文的早期版本，主题是关于分离焦虑（ Bowlby, 1960a ）的，进一步论述他如何看待儿童与母亲之间关系的本质（1958）。两年后，他关于婴儿期和儿童早期的悲痛和哀伤的论文（1960b），与安娜·弗洛伊德（1960a）、马克斯·舒尔（Max Schur, 1960）和雷内·斯皮茨（Rene Spitz, 1960）的讨论以及鲍尔比次年（1961 年）的进一步回复合并在一起出版。安娜·弗洛伊德对他 1958 年论文的回复多年来一直未曾发表，直到她的著作集第5 卷出版（1969），她的回复才得以公开。这两次讨论很好地总结了她对自己和鲍尔比之间的一致和分歧的看法。

鲍尔比认为，他恰当地解释并合理地发展了西格蒙德·弗洛伊德的焦虑和哀伤理论，将这些看成失去客体的反应。另一些精神分析师则认为他背离了弗洛伊德的思想。当时，英国精神分析学会几乎所有人都认为，必须基于西格蒙德·弗洛伊德的工作来构建自己的观点[费尔贝恩（1952）是一个罕见的例外]，而且学者们似乎将更多的精力用于声称自己是弗洛伊德的真正继承人，而不是对彼此的理论进行科学的评估。杰里米·霍姆斯（Jeremy Holmes, 1993）指出，这一切都发生在弗洛伊德去世后，当时每个人都在努力寻找精神分析的新方向。

鲍尔比和詹姆斯·罗伯逊对医院中与母亲分离的幼儿的抗议、绝望和冷漠等一系列表现进行了观察（Bowlby et al., 1952），将这些观察与战时托儿所 1942 年和 1944 年发表的观察结果（Freud and Burlingham, 1974）进行了比较。安娜·弗洛伊德同意，他们的观察结果是相似的。他们都承认儿童与母亲关系的重要性，也一致认为，如果儿童不能重新建立对母亲的依恋，或者找不到替代的依恋关系，以后的日子就会出现一些严重的精神病理症状。他们的分歧在于对观察的理论解释。其中一些似乎是真正的差异，但另一些看起来更像是误解所导致的。鲍尔比发现，安娜·弗洛伊德从这些观察中提炼出一种自恋理论，他对此持反对态度，认为它否认了儿童与母亲客体关系的存在。安娜·弗洛伊德回答说，她所说的自恋是指婴儿利用母亲满足自己的心理和生理需要的一种状态，此时婴儿尚未意识到母亲是独立的存在，但可以肯定的是，心理联系是从生理联系中逐渐发展出来的。她将早期自恋阶段描述为一种与母亲的关系，这种关系仍然聚焦于婴儿的需求，并且先于真实的客体关系和客体恒常性。安娜·弗洛伊德使用了霍弗的"自恋环境"这一概念，在这个环境中，每一位同伴都将对方视为自我的延伸，但她也认为，这与西格蒙德·弗洛伊德的观点是一致的（Freud, S., 1914）。

在安娜·弗洛伊德看来，鲍尔比未能将生物程序化的依恋行为与潜在的心理表征区分开来，后者是心理依恋的内在本质。

她还认为他未能充分区分不同水平的自我发展。在人生的最初四五年中，变化是迅猛的，这意味着不同年龄的儿童在应对分离和丧失时会启用完全不同的功能（现实检验和许多其他自我功能）。自我发展既影响他们理解分离的方式，也影响他们应对分离的方式（见第三章）。

她似乎不像其他精神分析师（如舒尔）那样，反对鲍尔比对西格蒙德·弗洛伊德焦虑理论的解释。但她确实相信，儿童的自我能力极大地影响了他如何理解、应对分离，以及对母亲的渴望。

也许鲍尔比将安娜·弗洛伊德对自我发展的兴趣等同于对自恋的重视（这可能是当时普遍存在的自我和自体概念之间的混淆）。

鲍尔比认为安娜·弗洛伊德将客体关系视为获得快乐的次级因素，并且似乎将她归类为某类人群，在他看来，这群人使用次级驱力理论来解释个体对母亲的依恋。她回应说，所有的心理功能都受快乐-痛苦原则的支配，这不是一种本能驱力，而是整个心理结构的一种倾向。在她看来，依附性客体关系这一概念并不是指这种关系是次级的。力比多驱力在本质上是寻求客体；术语"依附性"仅仅是指力比多驱力依赖于自我保存本能或者说被它所引导的方式；照顾孩子的母亲将自己作为孩子最初爱的客体。

影响

　　该争论源自克莱因学派和弗洛伊德学派之间已有的矛盾，这一事实可能影响了安娜·弗洛伊德，让她想与那些被批评为非精神分析的人保持距离。当时，英国精神分析学会内部的对立十分严重，而且常常衍生成个人之间的矛盾，安娜·弗洛伊德对此十分反感。她的美国同行很少与克莱因产生争端，但有些人与鲍尔比展开讨论，有时也会变成论战。阅读当时的论文和讨论，我们会得到这样的印象：争论双方并没有真正倾听对方的意见，也没有认真理解对方的观点，只是越来越死抠符合自身理论立场的细节，用来为自己辩护。有些论战看起来更像是针对异端邪说的宗教讨伐，而不是科学的观点交流。安娜·弗洛伊德似乎成了一个值得尊敬的例外，她在对鲍尔比早期论文的讨论中，阐明了自己与鲍尔比的一致和分歧之处。她并未专注于细枝末节，而是简单阐述了一些主要差异，一旦理解了这些主要问题，细微差别自然就更容易厘清了。在后期的工作中，她沿用了鲍尔比关于分离和违法行为的证据。

　　霍姆斯描述了鲍尔比的工作被人们接纳时的学术氛围，鲍尔比反对克莱因学派，后者则对前者置若罔闻。我想，这种无视可能是因为英国精神分析学会特别推崇梅兰妮·克莱因及其理论，以至于对其他人毫无兴趣。早期的克莱因学派认为，对自我的分析不是精神分析的合适主题（Freud, A., 1936, pp.3-4），只有像自己一样重视潜意识幻想才是真正的精神分析师。事实上，不少精神分析师开始对心理功能的早期发展感兴趣，但大多数人会将其与儿童和环境之间的互动联系起来。当时，克莱因学派对外在世界在儿童发展中的作用不太感兴趣，并似乎不愿意考虑任何挑战先天幻想首要地位的观察证据或理论观点，无论这些挑战是来自鲍尔比、安娜・弗洛伊德、费尔贝恩（1952）、温尼科特（Winnicott, 1949, 1960）、巴林特（Balint, 1968），还是其他认为环境因素对行为模式发展具有重要作用的精神分析师。随着英国精神分析学会内部独立团体的合并，它成为拥护客体关系理论的非克莱因学派者的家园——除了安娜・弗洛伊德，她当然仍留在弗洛伊德学派，继续被贴上驱力理论者的标签，有时又被视为自我心理学家，仿佛这些名号是不可兼得的。

安娜・弗洛伊德对英国精神分析学会心存不满，始终与之保持距离，这也是她决定成立汉普斯特德诊所来提供儿童精神分析培训的重要因素之一。（另一个因素是曾在战时托儿所工作过的人希望继续接受培训。当时，在儿童指导诊所工作的专业人士也很希望接受儿童发展和儿童心理治疗方面更全面的培训。）

在英国精神分析学会之外，鲍尔比以强调环境的重要性而闻名，他对儿童照料和治疗服务的发展产生了影响。他在儿童心理治疗师协会的成立中发挥了重要作用，并积极参与英国国家医疗服务体系[1]。为什么安

1　英国国家医疗服务体系负责承担保障英国全民公费医疗保健，即英国"医保"。

——译者注

娜·弗洛伊德的影响力不及鲍尔比？因为她选择将汉普斯特德诊所排除在国家医疗服务体系之外。这是由于她担心（这种担心很可能是对的）参与其中将意味着失去提供精神分析治疗、培训儿童治疗师和开展研究的自由，安娜认为这些十分重要。她在儿童心理治疗师协会中保持着边缘人的位置，但并未表现出强烈的敌意。她的一部分学生加入了儿童心理治疗师协会，在国家医疗服务体系中工作。然而，我们都能意识到其中蕴含的某种对立：我们能感受到某种不赞同的情绪，虽然她只是偶尔公开表露出来，这种情绪是因为担心在只允许非强化治疗的前提下，精神分析治疗的效果会减弱或流于肤浅；同时也担心精神分析理论被其他理论融合而变得不再纯粹。后者可能是她对鲍尔比的主要意见之一：她认为动物行为学不能完全替代精神分析理论。也许她和当时的许多其他精神分析学者一样，看不出动物行为学和精神分析学如何结合才能使两者都受益。

这似乎有些可惜，因为在整合两者的观察和理论方面，她本来是最适合和鲍尔比一起工作的人。在英国，依恋理论很快就会成为一大研究主题。事实上，它在美国受到了更热烈的欢迎。多亏冯纳吉和斯蒂尔夫妇的研究项目采纳了玛丽·梅因的研究，依恋理论才得以重回英国（Fonagy et al., 1993；见第八章）。

战时托儿所的 12 号报告中隐含着一种观点，即客体爱必须由依恋发展而来。她在报告中描述了依恋在生命第一年的发展，它会在生命的第二年发展为对母亲的爱（Freud and Burlingham, 1974, pp.179-82；也见第三章）。因此，她可能有意保留了依恋的概念，作为与母亲关系的最早形式。

安娜·弗洛伊德并不反对客体关系理论的发展，只是认为应该将这

一理论包含在驱力 / 结构理论之中。在诊所的索引研究团队中，她鼓励约瑟夫·桑德勒从事相关研究，阐释表征世界的概念以及其中的自我 - 客体关系（见第二章和第五章）。这对她或他来说都不容易，但我经常听到安娜·弗洛伊德把桑德勒的表述转化为她觉得更舒服的力比多和结构形式，这使她能够接受和支持他的工作。

她甚至试图将梅兰妮·克莱因的一些观点融入自己的思维之中。1936 年，她着手制定防御机制年表，考虑是否将内投和投射视为有助于区分自我与外在世界的过程，又或者作为防御的方式，但在自我和客体世界之间的界限建立后才能生效（Freud, A., 1936, pp.52-53）。后来她详细阐述了她的观点，这两者都是有助于区分外在世界和内在世界、自我和客体的早期过程，随后，一旦自我和客体之间的界限建立起来，它们也能被用作防御（Sandler and Freud, pp.111-112; 138-139）。

1939 年，西格蒙德·弗洛伊德去世，此后，整个精神分析界都在努力接受这一现实，寻找新的方向。扬 - 布吕尔指出，20 世纪 40 年代早期，安娜·弗洛伊德仍在为她父亲的去世哀伤，在这个时期，她难以做到重新梳理父亲的理论（Young-Bruehl, 1988, p.265）。根据扬-布吕尔的描述，这种哀伤在 20 世纪 40 年代末终于过去，但实际情况似乎比这个时间点更早一些。格罗斯库特描述了梅兰妮·克莱因 1942 年的一次尝试，她向安娜·弗洛伊德建议私下讨论她们的一些想法，以此来缓解精神分析学会的紧张局势。安娜·弗洛伊德做出了积极的回应，她邀请克莱因来她家，并建议每人带几个同事。这很可能会发展成一系列研讨会，双方就精神分析思想进行更为慎重的辩论。然而，由于玛乔丽·布赖尔利的干预，会面取消了。布赖尔利认为，在精神分析学会没有知晓和同意的情况下，不应进行此类讨论（Grosskurth, 1986, pp.299-301）。促进相互理解和沟通的机会就此失去，实在令人遗憾。

安娜·弗洛伊德自己的文章显得"心平气和"，她继续尝试将克莱因的一些观点与自己的观点相融合。例如，1950年，她审视了精神分析视角下儿童心理学的发展，讨论了西格蒙德·弗洛伊德本人后期的理论修正如何成为新精神分析学派的起点，尤其是那些与早期发展有关的思想。她融入了梅兰妮·克莱因的一些理论。例如，安娜·弗洛伊德再次考量了在自我和本我的界限完全建立之前进行防御的本质，她指出，克莱因认为投射和内投这两种防御机制具有特殊的致病意义，这引发了关于精神病性障碍的新理论（Freud, A., 1950, p.619）。

关于克莱因对弗洛伊德生本能和死本能概念的运用，安娜·弗洛伊德认为，基于这一生物学假设，克莱因提出了一个理论，描述了个体在生命第一年基本的致病状态（或者称之为心位），克莱因将这种状态归因于婴儿爱母亲和伤害母亲的欲望之间的心理冲突（ibid., pp.617-618）。在位于中央的自我发展到足以整合心理过程，从而认识到本能冲动的不相容之前，对立的本能冲动能否引发冲突，安娜·弗洛伊德对此表示怀疑。但她认为，这些争议可以通过进一步调查加以解决（ibid, pp.622-623; 1949c, pp.69-70）。

在一项关于幼儿喂养障碍的研究中，她仔细思考了克莱因对于非常早期的口腔攻击幻想的观点与进食抑制的相关性（1946b, pp.53-54）。1958年，在纪念恩斯特·克里斯的一次演讲中，她还提到了使用双重方法（直接观察和分析重构）来调查儿童发展的顺序，尤其是早期母子关系。她提到克莱因的"好"母亲和"坏"母亲的概念，这两者被用来描述婴儿对乳房的体验；她还提到，克莱因论证了实际经验会如何变得复杂并被内投和投射过程所遮掩。儿童经历挫折，内投和投射过程在挫折感中加入儿童自身攻击性和破坏性冲动的投射，从而强化了坏的形象。安娜·弗洛伊德评论说，她自己更熟悉的不是双重内在形象的概念，而是指向同一客体的爱与恨的双重冲动趋势，即矛盾心理（Freud, A., 1958a, p.119）。这是安娜·弗洛伊德的典型方式，她可以利用自己的概念对他人的构想进行解读，从而理解这些构想，并用自己的理论检验其是否合适。后期，她甚至在自己客体关系发展路线的早期阶段中为克莱因的"部分客体"找到了一席之地（见第六章）。在她看来，克莱因的部分客体和整体客体之间的区别，可能相当于她自己对满足需求的客体和客体恒常性之间关系的区别（1952c, pp.233- 234）。克莱因可能不同意安娜·弗洛伊德对其工作的解释，但来一场正式的科学辩论会很有启发性。

扬 - 布吕尔指出，伴随着与克莱因多年的争论，安娜·弗洛伊德关于发展阶段及其节点的概念有所松动，克莱因学派试图将此作为他们阵营的胜利，但事实显然并非如此（Young-Bruehl, 1988, p.268）。阅读安娜·弗洛伊德本人的作品，可以明显看出，她的观点之所以发生变化，是因为她本人和其他同事开展了进一步的研究和观察，然而，她的观点被许多克莱因学派学者误解了。她特别强调区分早期（前俄狄浦斯期）障碍和俄狄浦斯期神经症的重要性，这似乎被误解为她低估了早期障碍。同样明显的是，她的观点与克莱因的观点沿着完全不同的路线在发展。

扬 - 布吕尔认为，这两位女性的人格差异通过她们各自的团体折射了出来，她描述了相关群体的心理。克莱因和她的追随者们相信"直接的和侵略性的攻击和防御"，而安娜·弗洛伊德则"努力投入研究"，等待着真理的胜利。安娜·弗洛伊德"通过……头脑清醒、意志坚定和认真投入来影响团队"，而梅兰妮·克莱因则以"富有想象力的活力……雄心……和……惊人的不受约束的自我主义"来激励她的团队。安娜·弗洛伊德是一位"小心谨慎的领导者"，但她的团队都知道她是"计划和幻想中的冒险家"。梅兰妮·克莱因表现得像一位冒险家，但得依赖他人的帮助来避免变得过于谨慎。克莱因学派认为自己是"十字军战士"，而安娜·弗洛伊德学派是"独裁者"，不愿受到任何挑战。安娜·弗洛伊德学派将自己视为"理性科学的堡垒"，将克莱因学派视为危险的权力追求者和操纵者（Young-Bruehl, 1988, pp.268-269）。

　　很明显，两人理论上的差异不仅被英国精神分析学会中正在进行的政治和个人斗争所夸大（正如扬-布吕尔、格罗斯库特、金和斯坦纳所描述的那样），连她们解决分歧的尝试也受到了强烈干扰。

　　如果在更和谐的环境下，当安娜·弗洛伊德试图理解梅兰妮·克莱因的观点时，可能会衍变成一次更富有成效的交流。事实上，随着不同学派之间开始吸收彼此观点中的某些要素，"论战"中展现出的那些潜在的令人感兴趣和兴奋的观点渐渐脱离了政治和个人背景，大家可以开始进行更真实的科学观点的交流。在《儿童心理治疗杂志》纪念安娜·弗洛伊德诞辰一百周年专刊的一篇稿件中，梅拉·里奇尔曼指出，安娜·弗洛伊德和克莱因各自强调了儿童精神生活的不同方面，但都弥足珍贵，为儿童的综合心理健康服务奠定了基础。她认为，两位女性未能合作是科学上和专业上的损失（Likierman, 1995）。

　　为什么安娜·弗洛伊德在英国不如在美国那么出名？我在第一章提

出的问题似乎有了一部分答案，那就是，她在辩论和公开其研究成果时采取了更为冷静和理性的方法；她也愿意等待进一步的研究结果，然后再决定是推翻观点还是修改目前的理论。另一部分答案可能是她坚持认为，只有对理论有彻底的理解，才能对临床有彻底的理解，只有对儿童发展的所有领域和阶段有彻底的掌握，才可能准确评估儿童的困难和需求，以及合适的治疗技术：这一点我将在第五章中进行讨论。梅兰妮·克莱因的理论在某种程度上更简单，她的新思想经常被用作西格蒙德和安娜·弗洛伊德更复杂构想的替代品。对于那些追求简单的人来说，克莱因的理论更具吸引力。

第五章
发展观：制度、信息和理论框架

　　毫无疑问，论战带来的最积极的结果是，安娜·弗洛伊德对英国精神分析学会的不满推动她建立了汉普斯特德诊所。她已经在1947年组织了一次儿童精神分析培训，为的是满足之前战时托儿所员工的需求，他们后来继续在儿童指导诊所工作。最初，研习是在安娜·弗洛伊德自己和其他参与老师的家里举行的；学员们在儿童指导诊所为他们的患者提供服务（Freud, A., 1957）。1952年，安娜·弗洛伊德购买了梅尔斯菲尔德花园路[1]12号，随后分别于1956年和1967年又购买了21号和14号，从而为培训、服务和研究的开展提供了基地。20世纪70年代，她与英国精神分析学会达成了一项协议，成人精神分析师可以选择在汉普斯特德诊所接受儿童精神分析培训。

　　安娜·弗洛伊德的组织能力已经通过建立机构多次得到证明，她曾建立过维也纳的儿童学校和杰克逊托儿所，以及英国的战时托儿所。1926—1927年，她关于儿童精神分析的讲座激发了许多分析师的兴趣。

1　梅尔斯菲尔德花园路位于英国北二区的汉普斯特。值得一提的是，西格蒙德·弗洛伊德晚年与安娜·弗洛伊德一起住在梅尔斯菲尔德花园路20号。——译者注

他们组织了一个研讨会，讨论案例材料、技术创新和理论推论。很多参与者后来变得非常有名，例如，伯塔·伯恩斯坦、伊迪丝·巴克斯鲍姆、埃里克·埃里克森、伊丽莎白·盖勒德、威利·霍弗、伊迪丝·雅各布森、阿尼·卡坦、玛丽安娜·克丽丝、安娜·曼森、玛格丽特·马勒、玛丽安·帕特南、海伦·罗斯、伊迪丝·斯特巴和珍妮·韦尔德·霍尔（Freud, A., 1966c）。此外，在维也纳被纳粹吞并之前，局势日益困难和危险，正是在此期间，安娜·弗洛伊德担任了维也纳精神分析学会秘书，随后成为副主席，以及国际精神分析协会秘书长（Peters1985, pp.122-126）。她能够在创建、资助和运营机构的过程中吸引他人的兴趣和合作，这是基于她对人们需求的清晰思考和满足这些需求的热情，但最重要的是，她坚信精神分析理论和对人类发展的理解是让一切走上正轨的最佳基础。从重要性上看，她组织和促进他人工作的能力仅次于她自己的创造性思维。汉普斯特德诊所是体现她组织能力的最后也是最持久的一项成就。汉西·肯尼迪指出，来自维也纳杰克逊托儿所的同事们始终忠于安娜·弗洛伊德，那些去往美国的人十分支持她，帮助战时托儿所和汉普斯特德诊所筹集资金（来自私下交流）。接受她的培训或与她共事的人将她的思想传遍了全世界。

汉普斯特德诊所的全称是汉普斯特德儿童治疗课程与诊所，它是一个慈善机构，功能有三个：提供精神分析培训、治疗和研究。在这项事业中，安娜·弗洛伊德提供了三类宝贵的框架：制度框架、信息框架和理论框架。

制度框架：培训、服务与研究

在制度框架方面，她构建了三个有重叠的领域。第一个领域是培训，包括了精神分析理论、正常儿童发展、儿童精神病理学和儿童精神分析技术等方面，这些培训不仅培养了心理治疗师，还培养了"儿童专家"（Freud, A., 1965a, p.9）。后来，负担不起昂贵培训费用的学员还可能得到奖学金。培训帮助儿童工作人员进入第二个领域：通过诊所提供服务（Freud, A., 1957）。经过最初的发展，治疗服务很快就推广到诊所之外的日间托儿所、儿童保健门诊、盲童日间托儿所、母亲-学步儿小组以及其他为各类残疾儿童设立的临时小组之中。安娜·弗洛伊德认为，所有人都应该得到这种服务，基于这一信念，她没有收费，只接受那些能负担得起的人的捐款。这些服务也成了接受培训的学员和研究团队的观察资源。研究团队构成了制度框架中的第三个领域，维持整个机构运转的资金大部分来自这里（Freud, A., 1957-1960）。

这些团队不是学术型研究团队。没有随机选择的样本、对照组、评定量表、信效度检验，也没有对结果的统计分析。在那个时代，人们认为，不按照对患者需求的评估来匹配治疗是不道德的，而且精神分析数据过于复杂，似乎也无法量化。他们更像是临床型研究团队，成员们可以定期聚在一起共享观察资料、观点和理论。通过这种方式，他们可以集体完成自西格蒙德·弗洛伊德最初创立精神分析思想以来，个人分析师们一直在做的事情：基于临床材料构建试探性理论，根据进一步的临床经验对理论加以确认、放弃或修订。这是一个借鉴自临床医学的模型。新的临床观察抛出新的问题，继而需要修改现有理论或者发展出新的理论解释。新理论反过来又影响临床知识与技术。当大量的临床资料可以汇集起来供许多人思考时，临床经验和理论构建之间的互动便可以更有效地进行。汉普斯特德研究团队最初由高级精神分析师主持，之后也可以由完成汉普斯特德高级培训的优秀毕业生主持。其他成员包括了来自英国精神分析学会的分析师、其他国家的访问学者，有时还包括了相关专业的人士。作为培训的一部分，学员们加入了他们。其中一些团队的工作是长期的，如诊断研究团队、青春期研究团队、边缘性儿童研究团队和失明研究团队。其他团队的存在时间则较短，它们旨在关注更具体的问题，如儿童的心身疾病、言语发展或游戏在分析中的作用。

由于必须向资助机构提交年度报告，这些团队不断产出论文，其中有许多论文得以成功发表。因此，有许多最初并不认为自己是作者的人，在出版作品中发现了自己的名字，这便是在一个团队中工作带来的益处。在实践层面上，安娜·弗洛伊德提供了物质和组织框架，以容纳数量巨大、种类繁多的研究、培训和服务工作。

在一个不太公开的层面上，有些人将诊所视为母权制，有时甚至当成了"修女院"，安娜·弗洛伊德在其中担任母亲式的权威者。没错，女性人数确实超过了男性，然而，安娜·弗洛伊德期望并且经常能从我们身上发现对精神分析的执着，或许正是这种执着使我们沉迷工作，远离诊所之外的世界。没有经验的学员常常感觉自己像孩子，这也许并不奇怪，但这种感觉有时候似乎也适用于工作人员。正如一位（男性）同事曾经说过的："我们都是安娜·弗洛伊德的女儿——无论男女。"母权制有它的好处，最明显的是它创造了一种家庭氛围，对那些为我们的工作做出贡献的人敞开大门（Edgcumbe, 1983）。更令人质疑的点或许在于，无论是西格蒙德·弗洛伊德驱力理论毋庸置疑的重要地位，还是不应该在与易激惹儿童工作时穿低胸上衣，当某人需要一个权威为他的想法背书时，安娜·弗洛伊德会被轻易地用作投射的客体。这是诊所制度所带来的安娜·弗洛伊德不太希望看到的情况。

她还参与创办了年刊《儿童精神分析研究》。这本刊物立足美国，其读者群比英国更广。诊所的研究资金几乎全部来自美国的基金会，这是因为安娜·弗洛伊德在美国有一些有影响力的同事，他们能够帮助她为诊所寻找资金支持（并且大部分筹款都是由她亲自完成的）。诊所的大部分论文发表在《儿童精神分析研究》上。所有这些与美国的积极联系，无疑成了安娜·弗洛伊德的工作在美国比在英国更为知名的又一个原因。

1979 年，她创办了一系列国际学术研讨会。会议每年举行一次，吸引了来自美国、欧洲大陆以及英国的同事参加。核心团队每次研讨会都参加，其他团队则是偶尔。多年来，合作的方式已经成型，在发展共同观点方面卓有成效。安娜·弗洛伊德去世之后，这些国际会议一直在持续。

信息框架：报告

安娜·弗洛伊德要求定期书面报告个案材料、观察资料和讨论情况，信息框架由此发展而来。每周报告治疗案例，指明本周最重要的发展状况；每学期进行总结，其中包括试探性的理论表述；不定期在临床会议上进行更正式的个案报告，以上这些都会利用诊断剖面图来补充完善，有时还会用上索引。除此之外，学员们还保存了各自个案的过程记录，用作督导和临床研讨。与战时托儿所一样，工作人员为托儿所、婴儿诊所和学步小组的儿童制作了观察卡片，来记录有趣的或令人费解的行为。所有临床和研究讨论都被记录下来，它们通常十分详细，之后的论文有时正是以它们为基础。这些举措意味着多年来积累了大量的临床和观察材料，可供研究团队和安娜·弗洛伊德本人仔细审查。反过来，每个研究团队的想法和发现也可以供其他团队使用。

理论框架

然而，最重要的是理论框架。如今，许多人都会给自己冠以"元心理学"之名。不幸的是，它被等同于枯燥晦涩的理论，与临床实践毫无关联。这似乎是由作者和读者一同导致的。一方面，一些理论文章写得晦涩难懂，没有临床案例。读懂这些需要有临床经验，这是许多新手读者所欠缺的。即使是概念最简洁的理论，外行也很难弄懂。还有一些论文很难理解，是因为理论本身就是混乱的。另一方面，从读者的角度看，他们有时懒得动脑子，导致了简单浅显的理论或经验法则更受青睐，这些理论或经验法则似乎是临床和技术问题的合适答案，但其实适用范围有限。安娜·弗洛伊德不喜欢那些想要迅速解决问题的人。她相信，只有彻底了解所涉及的一切才能做好工作。在她看来，元心理学是一个启发性框架，能帮助人们对治疗或观察中获得的明显矛盾、混乱或难以理解的大量信息进行梳理和理解，从而做出正确的决定。事实证明，辛苦学习元心理学是值得的。

1959 年，我作为学员第一次参加研讨和会议，我能清楚地记得当时的喜悦和激动。我有着学术心理学的背景，但它未能给我关于人类功能的满意答案。我在一家儿童精神科诊所担任临床心理学者，在那里，心理学家、社会工作者和精神科医生都在努力学习如何帮助精神异常儿童，因为我们都没有接受过心理治疗方面的培训。与参会者坐在一起讨论让我茅塞顿开，他们能够解释我们所接触的儿童的所思所想，什么样的内在和环境因素相互作用引发了儿童的心理状况，以及因此需要采取什么措施来帮助他们。对于一直工作在迷茫之中的我而言，这种感觉非常美妙。尽管后来产生过怀疑和不确定，但我从未完全失去这种惊喜的感觉。至少我现在可以准确表述遇到的困难，并从可能的解决方法中找到对应的那一个。

所有研究团队都或多或少受到安娜·弗洛伊德的理论思想和西格蒙德·弗洛伊德的元心理学的影响。反过来，这些团队产生的想法和阐述，与个案治疗的临床资料和诊所其他部门的观察资料一样，激发了安娜·弗洛伊德本人的思想。

克利福德·约克博士多年来一直担任医学主任，后来与安娜·弗洛伊德和汉西·肯尼迪一起担任联合主任，在他看来，安娜·弗洛伊德做过的最重要的事情就是将这么多优秀人才聚集在汉普斯特德诊所，并为他们在研究团队和临床部门的工作提供便利（Yorke, 1996）。她本人的思想得到了同事们的支持，许多团队的建立受到了她的启发。她不一定同意每个团队提出的所有观点，但她鼓励他们继续研究，只要大家在认真地尝试解决问题。

两种形式的元心理学框架对于诊所的研究工作而言尤为重要：索引和诊断剖面图（以及发展路线：见后文和第六章）。这两种方法都是在理论范畴内对临床材料进行梳理，有助于评估其意义。

索引

　　索引是多萝西·伯林厄姆的创意，她发现医务人员需要一种方法，帮助他们在诊所与日俱增的治疗案例中找到比较材料。这种方法类似于一本书的索引：为每个个案制作卡片，卡片上给出了简要的临床样本和参考页码，这些页码指向治疗报告中更进一步的材料，其主题依照元心理学的类别进行了分解（参见，如 Bolland and Sandler, 1965）。卡片上给出的样本和理论讨论可用于教学和研究。约瑟夫·桑德勒担任索引研究团队的负责人，该团队已持续研究多年。其中一个防御主题的项目引发了他与安娜·弗洛伊德的讨论，这一点已在第二章中介绍过（Sandler and Freud, 1985）。与安娜·弗洛伊德的另外一系列讨论产生了一本与技术有关的书（Sandler et al., 1980）。索引研究团队解决了一系列问题，产生了许多子团队（Berger and Kennedy, 1975; Burgner and Edgcumbe，1973; Edgcumbe and Burgner1973, 1975; Edgcumbe et al., 1976; Holder1975; Joffe and Sandler1965; Novick and Novick1972; Sandler1960; Sandler and Joffe, 1963, 1965; Sandler and Nagera1963; Sandler and Rosenblatt, 1962; Sandler et al., 1962; Sandler et al., 1963）

诊断剖面图：发展视角下的精神病理学

　　《自我与防御机制》一书问世三十年后，安娜·弗洛伊德撰写了她的第二本书《童年期的常态与病态》（1965a）。这部作品是为了呈现她自己的理论思考，这些思考带来了诊断剖面图和发展路线，也影响了她对于技术的看法。克利福德·约克在该书 1989 年重印版的引言中写道，如果他只能拥有一本精神分析儿童心理方面的书，一定会选择这本，因为该书基于临床实践，全面地论述了正常与异常的发展（ibid., pp.xi-xiv）。诚然，这本书的写作风格朴素而简洁，对于精神分析学家来说，它无疑是那个时期安娜·弗洛伊德思想的一个精彩总结。在书中许多部分，她还总结了西格蒙德·弗洛伊德理论的要点，并与自己的工作相呼应。然而，该书内容的简单和紧凑具有欺骗性，对于那些之前不熟悉她（和她父亲）的工作的人，又或者是还没有临床经验，无法用自身经历丰富书中观点的人而言，这本书很难读懂。该书使用了一些诊所的个案作为例子，但没有给出她本人工作中的长程个案，后者可以在《自我与防御机制》一书中读到。该书需要结合她早期著作中的临床和观察资料（见第二、三和四章）以及20世纪五六十年代的短文来阅读，在这些文章中，她更详细地阐述了她是如何构思出自己的观点。一些针对无精神分析背景的读者的文章尤其有用，因为在撰写这些文章时，她没有使用技术术语，并采用了大多数人都能理解的日常例子。

　　《儿童期的常态和病态》一书并不是安娜·弗洛伊德最终的理论陈述。在接下来的十五年里，她继续推动自己对于发展的思考。这本书和后期的文章都基于她早期的理论和在战时托儿所的工作，然而，在论战中，在维也纳时期合作过的同事（其中许多人逃到了美国）的工作中，在她与汉普斯特德诊所许多研究团队的工作人员和学员的互动中，这些思想也在不断打磨、调整和完善。她是许多研究团队的积极参与者，但也十分关注所有团队正在进行的研究工作，还包括所有的临床工作。安娜·弗洛伊德能力强大，能够阅读大量资料，吸收大量信息。她通常会阅读每周所有的治疗报告（数量最多时每周80或90份）、新送诊患者的诊断报告、每周的研究会议记录（通常12次或更多）以及临床和教育会议记录（每周至少3次），她还要阅读论文和草稿，不仅是诊所的工作人员和学员，全世界的同事都在征求她的意见。她会在经过我们身边时停下来，谈一谈她感兴趣的案例中的一些发展情况或问题，或者点评下团队中的一些讨论，作为学员，一旦意识到她是如此详细地了解我们的工作，有时难免会紧张。如此详细的阅读和讨论意味着，她比任何一位诊所的工作人员接触的临床资料和理论观点都多，这些都影响并融入她自己的发展观之中。她擅长整合和总结同事的工作，使之几乎完美地融入她本人的观点。但是这种能力确实让她的思想表述更难理解，因此，要想剖析并详细理解她的思想，这通常意味着不仅要阅读安娜·弗洛伊德的早期论文，还要阅读她参考的其他人的论文。

《儿童期的常态和病态》阐述了一种发展观，这如今已成为她思想的标志。这是一个连贯的理论，充分考虑了个体从婴儿期到青春期的全部发展阶段和领域。这是西格蒙德·弗洛伊德和亚伯拉罕对于力比多阶段发展的工作的自然延伸。安娜·弗洛伊德自己的研究从自我和超我功能的发展开始，接着加入了攻击性的发展，最后在特定功能领域区分出许多条内外部因素相互作用的发展路线。她的理论能帮助分析师区分不同发展领域和水平的资料，并在正常发展的视角下看待精神病理。这一发展观是安娜·弗洛伊德的团队与克莱因学派的最大区别，也是英国精神分析学会中现代弗洛伊德学派的特征，因为她的思想是对西格蒙德·弗洛伊德理论的解释和延伸，即使有些人不是她的亲密追随者，也间接地受到了她思想的影响。

到了1945年，安娜·弗洛伊德关于儿童期精神病理的文章已经表露了她的信念，即关注点应该从临床症状学转向干扰正常发展的因素

（Freud, A., 1945）。

在1954年撰写但直到1974年才发表的一篇文章中，她提出了评估儿童期障碍的三个基本原则：（1）儿童在正常的驱力和自我发展方面是进步还是迟滞？（2）他对客体的行为是否在正常发展？（3）他的冲突水平（外在、内化或内在）是否符合年龄和发展阶段（Freud, A., 1974b，1954, pp.53-55）？

安娜·弗洛伊德在其1979年版《儿童期的常态和病态》的前言中指出，很难将分析师的关注点从病态转向一般的人格成长和现实适应问题，她认为这是"将来的任务"，她的书是朝着这一方向迈出的第一步（Freud, A., 1965a, pp.1-2）。她后期的文章同样致力于这一主题。

观察的使用

书的开头描述了关于发展的精神分析观点的历史演变。起初，人们通过成人精神分析中的重构来观察发展，这促使早期的分析师观察自己的孩子以验证这些观点；之后，人们通过儿童精神分析中的重构来察看发展；最后则是对成长中的儿童进行直接观察。她指出，早期的尝试本质上具有试验性和错误性，它将精神分析思想，特别是关于儿童期性欲和超我发展的思想，运用到儿童抚养当中，由于知识的不完备，其结果是成功与失败交织。儿童精神分析的出现使人们更好地理解了儿童的思维运行方式，以及儿童的经历对自身的影响。直接观察使人们有机会察看正在进行的发展，而不是重构。

她讨论了观察的利与弊，分析师们起初认为观察过于肤浅，无益于理解潜意识。她指出，精神分析理论使观察者拥有更强大的能力来理解所见事物，经过这么多年，对于某些表现而言，外在行为和潜意识含义之间已经建立了密切的对应关系（ibid., pp.3-15）；不过，其他一些外在表现可能有多种含义。然而，安娜·弗洛伊德强调，如果没有合适的分析材料，观察到的行为就不能用于解释。她认为，近年来对防御和其他自我功能的研究大大增强了我们的理解能力；自我和超我功能的某些方面可以从表面行为中观察到。例如，一些反向形成和升华很显然是由更原始的感受、欲望和冲动转化而来（ibid, pp.16-17）。家长和老师都知道，当幼儿接受如厕训练时，他们能从玩泥巴、玩沙子和手绘中获得乐趣。他们发展出对排泄失控的厌恶，但将乐趣转移到弄脏东西这类替代方式之上，它们更容易被接受，在某些情况下，这些行为会进一步发展为绘画、模型制作或雕刻等才能，实现真正的升华。

其他一些表现更为复杂，需要进行深入分析。为了更好地了解发展，需要将观察、分析和纵向追踪相结合，它们之间可以相互比对，也可以扩大信息量（ibid., pp.16-24）。当然，汉普斯特德诊所采用了这种组合，在这里，来自儿童保健门诊的一些儿童可能也会加入学步儿小组和幼儿园，其中一小部分儿童会接受分析。一些战时托儿所的儿童也接受了追踪和（或）分析。在一些家庭中，有两代或三代人曾经接受过诊所不同部门的服务。

例如，德里克，我们下面会再次提到他，他加入了儿童保健门诊和幼儿园，然后接受了精神分析。父母对他哥哥的治疗效果感到满意，于是向诊所寻求建议和帮助。后来，德里克的侄子和侄女也接受了诊所的多种服务。

在早期的一篇文章中，安娜·弗洛伊德论述了观察如何清晰地揭示了儿童在力比多阶段的一步步发展，尽管存在着明显的重叠，早期阶段的延续，以及依据个人倾向和环境的不同表现的退行。她指出，这一过程在儿童与母亲或替代者的关系中体现得尤其明显。她提出一个非常重要的观点，即通过精神分析不太容易看出这种阶段性进展。在成人精神分析中，移情中的早期关系形式与后来的反应混杂在一起，并被扭曲。即使是在儿童精神分析中，占主要地位的固着和退行也掩盖了其他阶段（Freud, A., 1951a）。如今，一些分析师对力比多阶段发展理论的正确性表示怀疑，理由是口腔、肛门和生殖器方面的表现经常会同时出现。精神分析材料夹杂了太多干扰，而纵向观察则可以直接看到进展，这两者的区别能帮助我们厘清这一议题。

儿童与成人的心理差异

安娜·弗洛伊德强调了正常发展的高度复杂性，伴随驱力、自我/超我和客体关系等许多分支力量的结合，个体取得一个个细微的发展成果。发展路线（见第六章）描述了在一些主要发展序列中发生的这些相互作用。她还强调了理解儿童和成人心理差异的重要性，尤其是在评估儿童对某些事件的准备状态和可能反应的时候。其中有一些常见的差异，比如因为读书或度假而与父母分离；也有一些不常见的，比如接受医疗或住院（Freud, A., 1965a, pp.54-58）。在1962年的一篇写给教师的文章中，她描述了儿童和成人思维的差异（Freud, A., 1962b），并在1965年对这些观点进行了总结。她指出，儿童（特别是幼儿）的思维与正常成人的思维主要在四个方面有所不同：

1　在儿童获得客体恒常性，并能理解他的客体是独立的生命之前，他的
关系由**自我中心**所支配，例如，他们会认为母亲所做的一切都是为了
满足或挫败孩子的需求和欲望。因此，她的生病或缺席会被认为是拒
绝或遗弃；弟弟妹妹的出生会被认为是不忠。儿童对应的反应可能是
失望或敌意，表现为情绪上的退缩或绝对化要求（Freud, A., 1965a,
pp.58-59）。

　　德里克在三岁时转介过来，他患有伴随噩梦的严重睡眠障碍，经
常出现白日恐惧，极度依赖母亲，脾气暴躁，连母亲都无法控制。这
些状况是在妹妹出生后发生的，他对她持有敌意。治疗资料很快显
示，他感到被遗弃，对母亲感到愤怒，坚信她要用另一个孩子来代替
他；他认为自己肯定有什么地方做得不对，应该受到惩罚。

2　儿童的**性不成熟**导致他将父母的性交误解为暴力或反常行为。即使被
告知了"性知识"，儿童自身的口腔或肛门幻想可能会凌驾于这种"性
启蒙"之上，因此他不会放弃关于口腔受孕、肛门分娩、性交即阉割
等诸如此类的想法。这会导致儿童以后难以对被看作"侵略者"或
"受害者"的父母产生性认同（ibid., p.59）。

　　德里克的父母认真地向他解释人类如何怀孕和分娩。但他继续玩
游戏，在游戏中，吃东西能让妈妈肚子里出现宝宝。或者换一种方
式，他吹了吹积木，宣布它会有个宝宝。通过治疗可以理解这一点，
相比于了解性交，这些说法对他来说更安全。例如，在他幻想的一个
游戏中，鸟妈妈拿走了鸟爸爸的阴茎，把它放在鸟巢里，每次她想再
生一个孩子时，就会剪掉一点。

3　与冲动和幻想相比，儿童次级**过程思维**[1]理性的力量相对薄弱，这意味
　　着即便儿童能够理解，但在面对压力时依然可能被幻想所淹没。例如，
　　在理想条件下，他可以理解医生的帮助意图、手术的需要、医疗或饮
　　食限制，但他可能无法一直维持这种状态，很快就觉得自己在被攻击、
　　伤害、监禁或剥夺；如果父母未能阻止这些事情，他们可能会认为父
　　母也怀有敌意，从而还以敌意。在某些情况下，再轻微的疾病也可能
　　会被儿童视为攻击（ibid., pp.59-60）。

　　　德里克有时会结巴，在治疗中发现，这与他克制攻击性的言辞和
　　想法有关。有一天，他给我讲了一个小丑的故事，小丑的鼻子被砍掉
　　了。第二天来的时候，他喉咙很痛，焦虑地低语："我不……不……
　　打算再给你讲那个故事了，因……因为它弄伤了我的喉咙。"

4　儿童的**时间感**随着它受本我或自我支配的程度不同而变化。当本我的
　　冲动和需求占主导时，儿童就急不可耐，几分钟像一生那么漫长。但
　　当自我占主导时，如果能预见未来的快乐，他可以等待，而且等待的
　　时间在感觉上更短，也更容易忍受（ibid., p.60）。

　　　这一点在德里克身上表现得很明显，在焦虑时，母亲消失一两分
　　钟他就受不了了，无法集中精力做任何事情，只关心母亲何时回来。
　　但当他状态不错时，他能在幼儿园里开心地待上一整天，并且很容易
　　接受这一事实：母亲肯定会在这天结束时来接他。

1　西格蒙德·弗洛伊德提出了初级过程和次级过程的划分，分别对应潜意识与前意
　　识。次级过程中的思维遵循现实原则，最终导致自我的形成。——译者注

这些特征导致父母往往无法理解某些事情对于孩子的重要性（Freud, A., 1965a, pp.58-61）。儿童其他方面的发展也应该考虑进来。例如，打算将儿童与母亲分开时，必须考虑儿童是否仍然需要自己的母亲来帮助吃饭和上厕所，或者他能否接受其他成人的帮助。要想进入幼儿园，这一点很重要，同样重要的还有与其他儿童相处的能力。这些种类的因素正是安娜·弗洛伊德在发展路线中所探究的。

正常退行

一般来说，无论是在家里、幼儿园还是其他地方，良好的行为（能够等待、排队、分享、应对焦虑、忍受失望而不发脾气等）取决于总体的自我成熟度，以及控制自身感受和冲动的程度。在这方面，安娜·弗洛伊德指出，由于正常退行的存在，任何幼儿都不可能长时间保持最佳行为。心理发展不是一个轻而易举的过程。在压力下，例如焦虑、疾病或正常的疲惫，儿童会退行到早期的心理状态和行为方式。在驱力和客体关系发展的早期阶段，过度的挫折感或快感，抑或是其他创伤经历，可能会导致固着点出现，从而导致儿童容易退行到这些固着点；例如，一个功能良好的潜伏期儿童可能会回到肛门滞留或口唇绝对化要求；可能只把母亲当作需求的满足者，而不是像一个独立的人那样去爱她。当儿童在压力之下失去刚刚获得的，因此也最不稳定的发展成果时，自我功能也可能退行。合理的语言可能会退化为婴儿般说话，对肠道或膀胱的控制可能会丧失，社会适应功能也可能会消失。令人恐惧或不愉快的经历可能会导致儿童产生防御，如否认、压抑、反向形成和投射，这些都会阻碍自我功能，如现实定向、记忆与整合功能。

有些退行是暂时的，能帮助儿童从难以承受的压力中得到缓解，一旦消除了压力源，儿童就会恢复：有些人在处理了引起焦虑的情况之后，健康状况得到改善，或者睡眠质量提升，醒来时神清气爽。这种类型的退行是正常的，有助于解释发展路线间的失调和发展中的暂时不平衡。只有更持久的退行才是病态的（Freud, A., 1963b, 1965a, pp.93-107）。她指出，即使是成人，精神健康和精神疾病之间的界限也往往是量变引起的质变，对于发展中的儿童来说更是如此。成人精神病学中使用的描述性分类强调表面症状，却忽略了深层的致病因素。

症状有多种含义

对于儿童而言，症状可能有多种含义，具体情况取决于儿童所处的发展阶段。安娜·弗洛伊德举了一个例子：**发脾气**。在幼儿身上，这可能只是一种释放混乱的驱力冲动和感受的方式，它们会随着自我的发展而消失，并被言语或其他更有组织性的表达手段所取代。但是，如果发脾气是一种攻击性或破坏欲的爆发，指向儿童自身或周围的环境，那么，只有理解最初的挫折以及挫折源，症状才能得到缓和（ibid., p.111）。

在治疗早期，德里克无法与母亲分开，所以母亲和我们一起待在治疗室。第一次治疗时他大发脾气，母亲看起来很无助，无法让他平静下来。我画了一张他发脾气的图画。他立马来了兴致，冷静下来，然后指示我："画妈妈在说'不'"。我画了，他接着加上了自己的绘画。在那之后，我们可以在他发脾气时使用这种技术。他在图画中添加的内容清楚地表明，他渴望得到帮助。他希望控制自己，他对母亲和妹妹有着破坏欲和愤怒，这令他不安，他还害怕遭到惩罚。

发脾气也必须与焦虑发作作区分，两者看起来可能一样，但焦虑发作是因为恐惧症儿童处于令他害怕的环境之中，如上街或者面对让他害怕的动物。只有让儿童恢复他的防御性回避，或者通过分析来理解和消除未知焦虑的最初来源，这种焦虑暴躁才能得到缓解（ibid., p.112）。

> 德里克有段时间拒绝路过诊所的某个柜子。除非我们换一条路去治疗室，不然他一定会焦虑暴躁。他慢慢告诉我，有可怕的鬼魂住在柜子里。经过各种各样的幻想，鬼魂逐渐变成了警察，要来抓他。我可以把这理解为他自己"内心的警察"要来揭发他，因为他认为自己秘密的欲望是危险的。当他意识到警察是他内心虚构的而不是真实存在时，他高兴得手舞足蹈，开心地发现他们属于他，他们可以给他力量来控制自己的糟糕欲望，并且不用害怕惩罚。

安娜·弗洛伊德举的另一个例子是**分离焦虑**，在她看来，这个词应该用来形容与满足婴儿主要需求的母亲分离时，婴儿理应感受到的痛苦。大一点的孩子对分离的反应有着更为复杂的含义。"思家病"或"上学恐惧症"通常是由对母亲过度的矛盾心理造成的，因此，只有令人安心的母亲在场，儿童才能容忍其幻想和感受中有敌意的一面（ibid., pp.112-113）。

她还讨论了**说谎**和**偷窃**等症状，这些症状对儿童和成人的含义并不相同。例如，由于幼儿单凭主观愿望的思维，他可能无法可靠地区分幻想和现实，因此，当他讲述一个客观上不正确的故事时，称他为说谎者是不合适的。只有当他发展出一些自我功能，例如，次级过程思维、现实检验、区分内部和外部世界的能力，"真相"对他而言才能具有意义。儿童发展这些自我功能所需的时间长短各不相同。一些在这方面发展正常的大龄儿童，如果遇到难以忍受的挫败和失望，他们可能会退行到一厢情愿的思维状态，成为幻想说谎者。这些情况必须与违法说谎者区分开来，后者既没有发展迟滞也没有退行，他们回避或歪曲事实是为了自身利益，例如，逃避惩罚或批评，夸大自己或者获得物质利益。诊所里遇到的个案通常各种形式都有，需要加以区分。

　　一般来说，症状本身并不能用来诊断儿童。这些症状可能是发展性张力的体现，当儿童解决了那个特定发展阶段的问题，他就能"长大"。即使是深层障碍，其症状表现可能会从一个阶段变为另一个阶段，或者症状可能会消失，因为诊所的诊断给儿童带来了威胁。此外，除了噩梦和焦虑发作，幼儿通常不会因症状而痛苦。环境才令人痛苦。令儿童痛苦的是日常生活中的剥夺、挫折和恐惧，因此，在儿童期，痛苦不能被视为精神病理严重程度的衡量标准。事实上，相比于痛苦，"过于优秀"或"毫无怨言"更像是儿童障碍的征兆（Freud, A., 1965a, pp.108-123）。

　　由于使用僵化、静态或描述性的分类无益于儿童期精神病理的分析性诊断，安娜·弗洛伊德论述了应该从哪些角度来检查发展状况，以便做出适当的评估（ibid., pp.123-147）。这些思想都出现在后设心理学性质的剖面图中。

剖面图：在临床和研究中的使用

剖面图是由一个研究团队开发的，该团队的主持人起初是原医学主任莉泽洛特·弗兰克尔，后来是研究主任温贝托·纳格拉。该团队最初只是一个旨在提高诊断技能的非正式小团体，雷娜特·普策尔是第一任秘书，她描述了团队成为重要研究团体的转变过程（来自私下交流）。这是许多团体成长的典型方式。安娜·弗洛伊德在一些会议中描述过她对评估的思考，利用这些会议记录，普策尔首次尝试对自己的一个个案使用"剖面图"。安娜·弗洛伊德对此"相当友善"，但认为它需要修改。这引发了一场讨论，关于如何确定内容，才能涵盖儿童发展的各个方面。雷娜特·普策尔当时还只是个学员，她对此感到自豪，因为她的努力促使弗洛伊德小姐着手打造了一个更庞大的研究团队，并将她的观点表述成一套正式的框架体系，供其他人使用（Freud, A., 1965a, pp.140-147）。

如果使用得当，诊断剖面图可以作为一套用来思考如何评估患者的心理框架。它的目的是帮助医生探查儿童生活和发展的各个领域，从而对其正常和病态功能形成均衡的看法。安娜·弗洛伊德非常担心，如果人们只强调症状，对于影响儿童精神病理的发展因素的多样性认识不足，或者由于某种信仰、兴趣或是对当下流行诊断的坚持而有所偏向，误诊就可能发生。剖面图不是自填问卷，不能提供自动化诊断。它是一套框架，引导人们依次关注儿童生活和发展的每一个重要领域，以便评估各个领域及其相互作用的重要性。它也能帮助医生意识到，他对儿童的了解有哪些不足。

剖面图最初只是一种临床应用工具，后来则慢慢发展成为一种研究工具，可用于比较案例、评估治疗中的变化、检查初始评估的准确性或者探索具体问题（见后文）。因为它是一种思考框架，医生和研究者也意识到剖面图本身的不足或模糊，所以，在保留基本模式的同时，它在不断修改完善。从儿童基本发展剖面图的各种版本及未出版版本中，这一点得到了充分体现（例如 Freud, A., 1962a, 1965a; Eissler et al., 1977），更别说那些针对其他年龄组或具体研究领域的剖面图，它们的更改更大。理论进步也导致了对剖面图的修订，以融入新的观点。我下面用来说明的版本是我目前最喜欢的，在《儿童期的常态和病态》一书提供的剖面图基础上稍作了修改（Freud, A., 1965a, pp.140-147）。

汉普斯特德诊所（现安娜·弗洛伊德中心）通常的诊断程序是让父母与社会工作者进行几次面谈，在面谈中，父母可以谈自己面对的问题，以自己的方式讲述情况。社会工作者会提出一些问题来核实不清楚的地方，补充儿童发展史和家庭背景中缺失的信息；他们还会给出评论，让家长思考儿童可能的想法，以及他们自己能否做些事情来帮助儿童。随后，由诊断医生与儿童（单独，如果不能做到则与某位家长一起）接触，这种接触通常要做两次，在相对非结构化的访谈中，儿童可以说话或玩耍。一些儿童能够谈论自己和生活，描述自身的问题，或者通过游戏来呈现自己；其他一些儿童则需要诊断医生的帮助，诊断医生可能会提出问题、参与游戏、发表评论，等等。心理学家通常也会对儿童进行更正式的智力和人格测验。相关信息也可以从儿童的学校、医院或其他与儿童有关的机构中获得。所有的诊所访谈首先会被撰写为过程记录，因为访谈的流畅度、家庭成员思考和谈论自己的难易度，以及他们与访谈者的互动情况，都是了解问题起因的重要指标，同时也是他们已经拥有或未来可能具备的洞察力水平的重要指标。

　　此后，小组成员才会继续将材料分解为剖面图模式。理解这一点很重要，因为许多初次接触剖面图的人认为这只是一种过程记录，或者只是在采访家庭成员时需要填写的一种问卷。显然，这种想法会扼杀患者与专业人士之间互动的自发性。

　　许多人还发现，第一次接触剖面图时，它太耗费时间了。当它被用作一个研究工具，来比较个案或检查不同治疗阶段的同一个案时，由于所有部分都必须详细记录，剖面图确实很耗费时间。然而，这并不会比对一系列调查问卷的填写、计分以及结果分析更费力。用于日常诊断时，临床医生很快发现，他们的速度会随着实践而提高，因为使用者渐渐熟悉剖面图的主题，以及其中蕴含的思考精神生活的方式。剖面图也不需要都写下来。通常，在所有与会者都阅读了访谈过程记录的诊断会议上，诊断医生引导大家思考和讨论的，只是与剖面图各部分有关的材料。治疗中心的特殊访谈模式也没有必要使用。剖面图有助于分析和整合以任何形式的访谈或报告获得的材料，以及确认缺失的信息。

送诊原因

　　剖面图开头部分是关于送诊，这部分内容抛开当前的疾病，关注的是谁送诊，为什么要送诊，为什么在这个时间点送诊，是否有其他的、深层的求助动机，以及其他只会在评估过程出现的问题。

对儿童的描述

　　接下来是对儿童的一般性描述，包括他的外貌、情绪和举止，以及它们可能反映出的儿童信息。如果不同的人给出了不同的描述，就可能意味着儿童的经历不一样，或者对不同类别的人的态度和期望有差异。例如，儿童可能会很欢迎相对非结构化的诊断访谈，因为这有机会让诊断专家参与他活泼热情的幻想游戏。但在更结构化的心理评估中，他可能会变得焦虑和胆小，害怕在回答问题或执行任务时"失败"。相反，另一个儿童可能在结构化的心理测试中看起来舒适和自信，但在非结构化的诊断访谈中却变得害怕和退缩，不确定自己应该做什么，害怕搞砸事情。

家庭背景和个人史

接下来的一步是对详细的发展史和家庭背景进行审查，找到可能影响儿童发展的重要环境因素（包括积极和消极的）和器质性因素。一些家长能够有条理地、深思熟虑地提供这些信息。但也有一些家长可能无法清楚地记住重要标志、重要事件和疾病等，或者可能从未想过事件与儿童反应之间的联系，还有儿童行为背后的意义。这成了诊断医生评估亲子关系性质的线索，但也导致他难以清晰地了解儿童的发展。一些家长能够重视历史过程，将其作为理解自己的孩子以及他们与孩子关系的第一步，而另一些家长则看不到所有这些问题的意义。这也为父母和儿童之间可能的互动情况提供了线索。

可能重要的环境因素

这一部分要从历史和家庭背景中提取最重要的信息，以确定可能对儿童造成压力和影响的来源。其中包括父母已经强调的事情，以及评估小组认为可能很重要的事情，例如，疾病、死亡或分离造成的家庭生活破裂、父母失业、父母阻碍儿童发展的人格特质、父母对儿童"看起来"精神异常的焦虑、违法或生病的家庭成员、创伤性事件、搬家（尤其是那些涉及失去家人和亲密朋友的情况），以及其他任何可能影响儿童发展的因素。再算上身体残疾，这些情况代表了儿童不得不适应的自身心理之外的因素。

与之相反，家庭内或家庭外（如学校）的积极影响对儿童的发展起到了支持和稳定作用。

到此为止，剖面图的各个部分已经阐述了儿童问题的外部背景，它还给出了线索，有助于我们发现儿童身上可能的脆弱领域以及环境中可能的优势领域。

对发展的评估

在这之后，剖面图用几个部分来审查儿童的内在世界，试图评估儿童的情绪发展和人格结构，这不仅要考虑他的恐惧和幻想，还要考虑他对个人史和家庭背景的看法。这些部分以西格蒙德·弗洛伊德的驱力／结构理论为基础，将驱力视为能促进关系形成的发展性力量，以及调节和控制驱力所需的人格结构的构建，即自我和超我。驱力、自我和超我之间的冲突影响性格和症状的形成。安娜·弗洛伊德对这一框架的特别贡献是她展示了儿童适应环境的重要性：儿童既对关系有需求，又在努力寻找释放自身驱力的方式，使自己不被又爱又恨的客体所疏远，这两者如何相互作用；以及儿童关系中的要素与直接来自驱力的要素如何一起融入自我和超我。所有这些部分都可以利用其他人提供的信息，但最重要的指标来自儿童自身的访谈材料。

驱力的发展

首先是关于驱力的发展这一部分，该部分评估了儿童处于哪一个力比多发展阶段，是否与年龄相符；他的发展是否在早期水平受阻，或者从更高的水平退行；攻击性的表达是否与年龄相符，是公开还是隐蔽。

最有争议的部分被称为"驱力分配"，正是在这一部分，安娜·弗洛伊德确定了对儿童所处关系的主要评估。关系的其他方面在自我和超我部分有所涉及，但基本评估是通过自我和客体的力比多投注形成的。许多人认为客体关系应该在剖面图中占据单独一部分——即便是那些不相信儿童的整体发展和精神病理可以用客体关系解释的人。在发展路线（见第六章）中，安娜·弗洛伊德确实更详细地阐述了各个水平的关系的顺序，以及其他领域与之有关的发展成果。但在这里，在剖面图中，她的表述强调了元心理学中经济论的重要性，即是否有足够的力比多投注于自我和客体，既能创造一种健康的自恋，又能创造对客体的稳定依恋。

对客体的力比多依恋是否足够强烈，足够促进自我和超我的发展，或者提供抑制攻击性的动力（她表述为攻击性和力比多的融合），这一情况在该部分进行了描述，并在自我和超我部分进行了补充。

该部分考虑了儿童对自己的力比多投注是否足够，如果太少，他要么低自尊，继而怀疑自己是否有能力达成目标，是否可爱和招人喜欢；要么通过自大的想法和全能幻想来防御他对自身糟糕形象的认知。在1972/1973年索引的讨论中，安娜·弗洛伊德给出了"自恋稳态"的简单定义，意思是"一个人对自己感到满意"（Sandler and Freud, 1985, p.530）。

不管人们是否认同安娜·弗洛伊德制定这一部分的具体方式，重要是，它将关注点引导到一个至关重要的问题上，即儿童关于自我和客体关系的内心世界。

在比较两名失聪男孩时，帕特·雷德福（Pat Radford）专门使用了剖面图中的这些部分，这两名男孩都有潜在的高智商，都因为学习困难以及在学校的攻击性和破坏性行为而就诊。学校老师经验丰富，习惯了应对失聪儿童的特殊人格障碍，然而这两名男孩的行为严重到甚至连这些老师都无法控制（Radford, 1980）。雷德福指出，不是残疾本身属于精神病理因素，而是残疾影响了儿童的客体和他对自身的感受。

> 两个男孩都很需要照顾。大卫是9岁时送诊过来的，他被收养时是一个健康的婴儿，但在3个半月时因脑瘤而导致他严重失聪。彼得是8岁时送诊过来的，他患过风疹，当时医生告诉他的母亲彼得没有器质性损伤。然而，最终证实他有严重失聪和部分失明。
>
> 两对父母都崩溃了。大卫的父母确信他会死去，并在他住院期间收养了另一个孩子。他一回到家，就受到一连串护士的照顾。他变得多动和高需求，无法通过助听器或言语治疗获得改善。彼得的父母努力为他获得正确的诊断和最大程度的帮助，但在情感上无法接受他的残疾，试图把他当作一个正常儿童来对待。他们发现风疹引起的多动症很难应对。彼得设法融入了一家正常的幼儿园，并且似乎很好地应对了眼科手术导致的住院。
>
> 大卫3岁时，养母去世，养父因重病丧失工作能力，这使得他的家庭生活更加糟糕。4岁时，养父再婚；新继母负责监护他，把他照料得很好，并帮他接受了强化的教育性帮助。他终于在5岁时学会了说话，但与同龄失聪儿童相比，他发展迟滞，而且行为继续恶化。

他总在生气、不高兴、厌烦、焦躁不安。尽管智商很高，但他不愿意学习，也无法受到其他人的影响，因为他压根不关注他们。他对弟弟妹妹有着过度的嫉妒。

彼得的父母发现，他们对孩子残疾的抗拒使婚姻遭遇危机，但当父母任何一方不在的时候，彼得都会惊慌失措，这迫使他们继续待在一起。5岁入学时，面对其他同龄聋哑儿童，彼得退缩了，拒绝佩戴他的助听器或眼镜。他拒绝做功课，不会唇读，在学校和家里的行为都恶化了，以至于学校和家长都希望送他去寄宿学校。为了应对这一切，他的母亲先为自己寻求了心理治疗，然后才是他。

因此，两个男孩都必须面对父母们的痛苦、不理解和抗拒，还有一些创伤事件，大卫比彼得更加严重。大卫是被收养的，这一事实是影响大多数收养儿童发展的重要因素，而在大卫的生命中，在那些导致他发展混乱的一系列丧失和分离中，收养只是其中一环。从表面上看，他们的表现非常相似，都是有攻击性、破坏性行为，拒绝学习。同身体残疾程度相似的同龄人相比，他们的智力更加低下。然而，他们之间有着明显差异，这体现在剖面图中关于自我投注和客体关系的部分。

大卫的身体协调性良好，在身体活动中表现出一些乐趣。但在其他方面，他对自己并不满意。他想变得"可爱"，接受不了被别人认为"可怕"。他无法接受任何形式的挫折或失败，用不断的身体运动来逃避承认它们。来自客体的鼓励并不会让他坚持下去。他被全能幻想所支配，例如，尽管他几乎从未练习，却想成为一名滑冰冠军。他似乎否认自己有残疾，同时又把失聪当作我行我素的理由。他似乎没有意识到自己行为的后果，可能缺乏对不道德行为的认识。然而，他似乎被羞耻感所压抑，无法提升自尊，因为他无法接受自己的不完美。

相比之下，彼得似乎确实喜欢自己，并希望被人喜欢，例如，想要穿漂亮的衣服，待人友好，渴望交流。与他在学校的不合作态度形成鲜明对比的是，他有足够的自信来完成诊断访谈中的活动。在自身缺陷不被凸显的环境中，他似乎感觉好多了。与失聪儿童相比，他与听力正常儿童相处得更好。显然，身体缺陷对他来说是自恋性伤害，但在其他领域，他的自尊水平更高，这背后或许反映了他父母对他的看法。

大卫在客体关系上存在着严重障碍，这并不奇怪，因为他经历过很多次的丧失和分离。他的发展主要停留在满足需求的水平，他不想尝试与别人打交道。他的关系主要表现为试图控制和操纵他人，只有对继母才会出现一定程度的依恋。他会欺负其他儿童。

然而，借助恰当水平的客体关系，彼得的情况有所改善，尽管在潜伏期，其客体关系的建立有些迟滞。他的幻想中仍然包含了明显的厌父爱母的俄狄浦斯情结，以及对母亲的保护和关爱。然而，在现实行为中，他对母亲充满敌意和苛求，这似乎与他将失聪怪罪于她有关（虽然并没有将视力受损怪罪于她），与此同时，他也信任她，期待得到她的帮助。他与父亲的现实关系更像是处于前俄狄浦斯水平，将他看成一个照料者。彼得与祖父母和同龄的听力正常儿童关系良好。但对于同龄的失聪儿童，他要么咄咄逼人，要么沉默寡言。

很明显，彼得的问题行为主要源于与失聪有关的冲突，这限制了他的自尊和与他人的关系。他需要解决这些冲突，以充分发挥自己的潜力。

然而，大卫在客体关系上有着根本障碍，失聪加剧了他的信任缺失。他所有的发展领域都受到了影响，需要长期的治疗以及发展性和教育性帮助，而这些都取决工作人员能否与他建立某种形式的关系。

自我和超我的发展

紧接着的一部分是自我和超我的发展，它考量了基础的"自我装置"是否完好无损，即是否存在会干扰自我功能（包括记忆、现实检验、欲望、冲动和经验的整合、运动控制、言语和思维）发展的器质性缺陷。例如，由于彼得和大卫的失聪，我们预计他们在语言（或许还有思维）的发展过程中会出现一些干扰和迟滞，也可能对其他自我功能有一些负面影响。通过恰当的特殊需求供给，所有这些都可以在很大程度上得到克服。

这一部分还考量了自我功能是否已发展到与年龄相符的水平，或者是否存在根本缺陷（原因主要是失败的早期母子关系、创伤事件或身体疾病，包括对婴儿动作发育的刺激和支持不足，对发展功能的主动干扰）。大卫在客体关系上存在着根本障碍，这意味着相比于彼得，他的自我功能发生了更广泛的迟滞和失调。

这一章特别关注防御的组织方式，包括儿童发展出的防御范围、是否符合其年龄、是否有效且均衡、是灵活还是僵硬、是否对特定的驱力或情感的防御过度强烈；还有，防御是否会阻碍自我的发展。大卫和彼得都在使用防御，这些防御让他们无法充分发挥自己的才能和能力。

同样有必要检查儿童的认同状况，看他是否正常地认同了他的客体；

儿童的思维、理解和行为方式往往都是模仿他的父母或其他重要照料者，因此，这些认同影响着儿童自我和超我的功能，也塑造着他的自身发展。亲密关系建立的失败会阻碍这一进程。如果儿童认同那些自身存在异常、缺陷或疾病的人，可能会导致精神疾病或缺陷的表象，但这并不是对儿童实际功能与能力的准确评估。

儿童的情感发展也考虑在内，基于他能感受到的情感范围，还有这些情感是否得以公开表达，以及用的是何种表达方式。

关于超我，剖面图考量了它是否与年龄相符，这涉及它仍然依赖于外部客体强化的程度，以及它变得独立（即内化）的程度；剖面图还考量了它是否严厉和原始，或者是否既有惩罚，也存在温和与奖励。

值得注意的是，剖面图明确区分了"ego"和"self"，两者的区别在西格蒙德·弗洛伊德本人的著作中并不总是那么清晰，但哈特曼、雅各布森和包括安娜·弗洛伊德在内的其他人对此进行了详细阐释；在汉普斯特德诊所中，约瑟夫·桑德勒的工作在这一方面显得尤为重要。对两者进行区分，有助于将儿童发展的认知方面与内在的自我、客体表征的发展区别开来。因此，一个儿童的发展可以用他内在的幻想生活来描述，他和他的客体在其中发挥着作用；还可以用他与客体的现实互动，或者特定的自我和超我功能的发展来描述，这些发展一部分依赖于个体成熟，一部分依赖于与客体的互动。对两者进行区分，还有助于更精细地评估儿童发展中哪些要素出了问题，以及需要何种形式的治疗或其他帮助。

一个叫乔治的男孩在 6 岁至 9 岁接受分析，让我们节选他最终剖面图中的内容来详细阐释（Edgcumbe, 1980）。乔治因排泄失控而就诊。他父母最初没有提到其他问题，包括严重的暴躁易怒。"描述"部分记录了他在外形、情绪和行为上的大起大落。他可以是一个干净整洁、行为端正、镇定自若的小男生，也可以是一个邋遢、野蛮、难以对付的坏家伙，又或者是一个淌着口水、哭哭啼啼、臭气熏天、被人忽视的傻小子。"环境因素"部分记录了一个涉及他哥哥的家庭秘密，他哥哥严重残疾，刚出生时就被送走了。乔治本不该知道这个孩子的存在，但焦虑的父母一直在观察他，看他是否有残疾的迹象，乔治的许多行为似乎都是在模仿一个有缺陷的人。

在自我功能部分，诊断剖面图记录了以下内容：严重程度各异的语言障碍；严重程度各异的肌肉不协调和动手操作差，这导致他笨拙和迟钝；时而失败的现实检验、糟糕的注意力和其他阻碍学习能力的表现。他在学校的表现被认为符合平均智商。所有问题都被归因于冲突的干扰。在治疗过程中，全部问题都有所改善，仅仅在他高度焦虑时会重新出现。

在诊断阶段，否认是一种明显的防御手段，尤其是在有关客体丧失和好奇心的方面。乔治也否认了对自身排泄问题的担忧。对情感的否认很明显，只能通过分析个体对被拒绝的恐惧来渐渐缓解。在很长一段时间里，驱力、自我和超我的退行是最棘手的防御手段，它们用来避免爱的丧失以及阳具－俄狄浦斯欲望的冲突。实际情况表明，相比于他表现出的阳具男性气质，他的母亲更能容忍他的排泄问题，她差点被他的愤怒与暴躁吓死。他还大量地使用投射。这一系列原始的防御严重阻碍了他的自我功能。在治疗期间，防御的重组有助于他改善自我功能。此外，他在学校的表现提升到了平均水平，开始有了业余爱好，掌握了玩游戏和演奏乐器等新技能。

　　自我功能改善的同时，自尊水平也在改善。这源于对他交替的自我形象的纠正，在诊断阶段，这包含了一个被贬低的、与粪便有关的、由防御性退行导致的自我，以及一个具有危险攻击性、破坏性、阳具的自我。母亲的态度和恐惧强化了乔治的这两种自我表征，与母亲一起工作有助于调整她与乔治的关系。

　　伴随着这些自我形象和对失去爱的恐惧，乔治的超我在诊断阶段是严厉的、批判性的和惩罚性的。对乔治内心冲突的分析，或许是受到他认同更温和的内在客体的影响，帮助他产生了一个更平衡的超我，其中加入了一些温和的奖励因素。

　　审查了这些独立的发展领域后，剖面图的后续部分可以帮助诊断医生整合数据，得出涵盖精神病理学关键领域的总体结论。

遗传评估：退行和固着点

　　精神分析学家使用的"遗传"一词并非特指基因，也不是指由身体遗传结构决定的特征或疾病易感性。当西格蒙德·弗洛伊德发展他的元心理学理论时，遗传科学还只是幻想；弗洛伊德经常表示，希望有一天生物学能告诉他精神功能的生理基础。对他来说，从更广义的角度讲，精神分析的遗传观指的是人格特质或心理特征的起源或形成方式。它可能包括弗洛伊德所处时代无法衡量的先天因素，但主要指的是人们能够识别的心理因素，尤其是固着和退行。

　　在安娜·弗洛伊德的剖面图中，固着和退行这一部分将材料的各个方面进行整合，可以显示发展的薄弱点，儿童在这些点上有着特殊困难，面对压力时可能会退行回这里。通过父母和其他人的描述，以及诊断医生的亲眼所见，可以知晓儿童行为的各个方面。这些信息，加上某些已知的与特定发展阶段有关的症状，以及儿童的幻想，都可以用来确定儿童有可能退行或者停留的力比多阶段与客体关系水平；这一材料还可以显示儿童在哪些水平上遇到了无法解决的问题，导致他通过退行来回避。

安娜·弗洛伊德强调，病态不是源于正常的、暂时的退行，而是长久的退行，它会导致人格发生有害的调整。始于自我 / 超我的退行可能是由以下情况导致的：创伤事件、高度焦虑事件、分离、对爱之客体的强烈失望或者对功能上认同之人不再抱有期待（Jacobson, 1946）。退行的自我失去了控制感受和冲动的能力；防御系统崩溃，儿童可能会爆发出难以控制的攻击性或情绪，以及其他非理性行为。

当退行始于驱力时，其结果取决于自我的反应方式。如果自我也退行，那么儿童对自己的标准和要求就会普遍降低。此时退行是"自我和谐的"。前文提到的乔治就是这种情况。整体人格可能变得不成熟，导致不同形式的婴儿化行为、违法行为或其他反常行为，具体情况取决于哪个自我和超我功能所受的影响最大，以及退行的程度。但是，如果自我和超我已经实现"次级自主"（Hartmann, 1950b），即它们已经完全独立于本我的压力之外（也独立于儿童的客体之外），退行将是"自我不和谐的"。于是，儿童会对自己已经退行的欲望和感受感到恐惧、焦虑和内疚，试图保护自己不受它们的伤害；如果这种尝试失败，就会出现一些症状或其他妥协行为，他会处于冲突之中，产生各种形式的婴儿神经症。"焦虑性癔症、恐惧症、夜惊症、强迫思维、仪式行为、就寝仪式、抑制、性格神经症都属于这一类"（Freud A., 1965a, pp.127-131）。

驱力与结构评估：冲突

该部分对材料进行整合，以确定此时儿童生活中的主要冲突，这些冲突是否与年龄相符，是否在儿童力所能及的范围之内。

安娜·弗洛伊德描述了如何通过儿童身上可识别的冲突和焦虑的性质来评估人格结构化的进展，这里的人格结构化指的是通过成熟和对父母的认同来发展自我和超我。最早期的冲突形式是"外在的"，在这种冲突中，儿童不成熟的自我仍然与欲望、冲动站在同一边。儿童的控制依赖于客体，但为了满足自己的需要和欲望，他会与客体发生冲突。如果这种外在冲突仍然占主导，或者儿童在大一点的年龄退行到这种处事方式，那么这种冲突被认为是婴儿化的。外部冲突占主导时，儿童的焦虑是由外在世界引起的，在顺序上依次为：害怕失去客体的照顾（分离焦虑），害怕失去客体的爱（在建立客体恒常性之后），害怕客体的批评和惩罚（这会因他自身攻击性的投射而加强），以及害怕被阉割。

但是当冲突被内化时，它们在儿童自身的自我/超我和本我之间展开。儿童此时害怕的是自己的超我，即他体验到的内疚感。

第三种类型的冲突与外部压力无关。它存在于两种相反的驱力趋势之间：爱与恨、主动与被动、男性气概与女性气概。这些趋势在生命早期并不冲突（我已经在第四章中提到过，安娜·弗洛伊德在这一点上与梅兰妮·克莱因有分歧，因为在她看来，只有在自我成熟到足以发展出整合功能时，这些相反的趋势才会变得有冲突。届时，这些趋势之间的对立被视为不可调和，儿童再也无法忍受）。这些内在冲突引起了儿童的严重焦虑。

外在冲突有时可以通过改变儿童的管理方式来改善，不必使用精神分析。但内化和内在冲突只能通过对内在环境的分析来施加影响，而且完全内在的冲突比内化冲突更难处理（Freud, A., 1965a, pp.131-134）。

剖面图最后两部分的评估开始揭示儿童的成熟度和障碍的严重度。下面内容评估了一些影响因素，涉及儿童自发恢复的机会和对治疗可能的反应。

对一般特质的评估

对将来精神健康或疾病的预测不仅取决于对障碍类型的评估，还取决于某些先天的或通过生命早期经验获得的一般特质。无法承受挫折的儿童很快变得不快乐和愤怒；相比那些能够接受等待或找到替代性满足的人，这类儿童更值得担忧。能够升华驱力能量的儿童，其精神健康多了一层保障。

儿童处理焦虑的方式比焦虑的等级或强度更重要。与不顾一切避免焦虑的儿童相比，那些能够承受并找到方法来控制焦虑的儿童更容易保持健康；前者会建立防御模式（否认、投射或其他原始机制），对病态起到推动作用（Freud, A., 1965a, pp.135-136）。

- 对欲望或需求导致的矛盾与挫折的**挫折忍耐力**决定了一个儿童能应对多少焦虑或不愉快，如果超出承受能力，他会感到不安并求助于潜在的病态适应方式。
- **升华潜力**决定了一个儿童能否通过将驱力能量转移到其他能带来各种回报的活动，从而避免用病态方法来解决冲突。
- **对焦虑的总体态度**表明，儿童是否主要采用回避的方式来避免焦虑，无论这些焦虑是关于他内部的冲动、欲望和幻想，还是关于外部世界；儿童是否使用了更积极的控制方式，这种方式可能不那么病态。

- **发展的推动力和退行趋势**之间的平衡揭示了儿童自发恢复或积极接受治疗帮助的可能性。那些从新经验和"长大"中获得快乐的儿童更容易应对成长过程中的挫折和失望，这让他们保持健康。而那些害怕新经验、不愿长大的儿童，更有可能在成长中体验丧失和剥夺，遭遇发展阻碍，或者形成使他们严重退行的固着（Freud, A., 1965a, pp.137-138）。

诊断

最后一部分综合前面部分的所有结论，给出诊断结果和治疗建议。可以形成一份诊断报告，将关于外在和内在因素的主要观点结合起来，总结这些因素先后影响儿童发展的方式以及产生的结果。或者，诊断医生可以选择将儿童划分到安娜·弗洛伊德设计的一个诊断类别中，并依据剖面图中的指标群给出选择的理由。这些类别包括：

1　尽管当前存在明显的行为障碍，但儿童的人格成长本质上是健康的，在"正常变化"的范围内；

2　存在的病态形式（症状）具有暂时性，可归类为发展性张力的副产物；

3　存在长久的驱力退行，退行到先前形成的固着点，导致某种神经症类型的冲突，并引发婴儿神经症和性格障碍；

4　存在如上所述的驱力退行，加上同时出现的自我和超我退行，导致婴儿化、边缘性、违法性或精神病性障碍；

5　存在重要的器质性缺陷或早期剥夺，从而扭曲了发展和人格结构，产生智力迟滞、缺陷人格和非典型人格；

6　存在正在运转的破坏性过程（原因可能是器质性的、毒性的、心理上的、已知的或未知的），导致或即将导致精神成长的断裂。

（Freud, A., 1965a, p.147）

通过对两名儿童的比较，可以说明剖面图在给出诊断结果和治疗建议方面的作用。

　　7 岁的蒂莫西因焦虑、多动和攻击性行为而就诊。他在一次事故中颅骨骨折，但没有发现脑神经方面的异常。不久之后，他需要接受割包皮手术。他还不得不适应生活中的各种剧变，包括一位手足的死亡、父母的离异以及多次搬家和移民。

　　诊断性评估显示，发展的力量压倒了退行的力量，冲突并不明显，虽然被动性和主动性之间的冲突可能会产生一些问题。一般特征部分基于证据表明，根据情境的不同，他的挫折忍耐力时高时低。他的升华潜力很好。他对焦虑的总体态度是试图控制焦虑，尽管并不是每次都能成功。

　　诊断结论是，他的生活一直暴露在发展性张力之下。这些症状不能被认为是暂时的，但还没有发展成神经症。他需要帮助，以避免患上更长久的障碍。他应该能从精神分析中获得成长。

（Earle, 1979）

　　苏珊，8 岁，因为学业成绩下滑、身体频繁不适和逃课而就诊。

她也不得不应对生活中的许多压力，包括父母离异、各自另有新欢和搬家。

诊断性评估显示，她与外在世界存在冲突，希望父母能够复合。她试图解决内化的俄狄浦斯冲突，但这一努力却被她的生活状况所阻碍。

在一对一交流的情况下，她的挫折忍耐力很好，但如果缺乏他人关注，她会变得焦虑，无法集中注意力。她的升华潜力似乎很差，可能是因为她自尊比较低，要依赖客体来促进注意力的集中。她对焦虑的总体态度不太好，无法应对焦虑，只会回避。她在努力处理内在和外在问题，这妨碍了她的进步。

从诊断上看，很难辨别发展失调和神经症性冲突谁占据主导。她被认为有可能从精神分析中获益，但前提是她的母亲能够提供支持。

（Lament, 1983）

这两个孩子都遭遇了压力性生活事件，蒂莫西可能比苏珊更为严重。但蒂莫西以一种更主动的方式来应对，她尝试独立克服困难，很可能积极地利用精神分析。反观苏珊，她变得越来越不知所措、被动、依赖他人，在缺乏强力支持的情况下，她不太可能应对治疗的挑战。

对剖面图的修订

既然剖面图是一种思维方式，而不是具体的公式，为了适应诊断医生或研究人员的具体要求，它能够以多种方式进行修订。安娜·弗洛伊德最初设计它的目的是对异常儿童进行临床评估，但后来它得到了一系列扩展，适用对象小到婴儿，大到青少年和成人。在这些版本中，基本的元心理学框架保持不变，但在关于发展的部分，生命的不同阶段有着不同的重点和阐述。因此，婴儿剖面图是由恩斯特·弗洛伊德根据他与母亲、婴儿的工作编制的，它特别强调人格特征的早期征兆，还有客体关系的最初期发展、驱力和情感的表达，以及自我的发展。对这些特征的描述是用与婴儿相关的术语（Freud, W.E.1967, 1971）。与之类似，埃尔娜·富尔门编制了学步儿剖面图，不仅详细介绍了许多学步儿必须经历的发展领域，还为母亲支持和帮助儿童发展的能力制定了一系列并列的主题（Furman, 1992）。青少年剖面图由摩西·劳弗编制，他扩展了与发展有关的部分，加入了对青少年如何处理青春期特殊任务的审查。这些任务包括：对身体性成熟的整合、与父母关系的变化、发展成熟的同伴关系、对性客体的寻找、为自己的行为负责（Laufer, 1965）。成人剖面图进一步扩展了这一点，以审查个体是否已达到最终发展阶段，以及在工作、性生活和升华方面，功能的性质是否合适（Freud A. et al., 1965）。

　　剖面图还进行了一些修订，对与特殊缺陷儿童有关的部分进行更详细的阐述。例如，多萝西·伯林厄姆为失明婴儿编制了一份剖面图，强调了失明婴儿体验环境的不同方式、他们的不同需求、父母在抚养中会遇到的特殊问题、父母对儿童失明的感受所产生的影响（包括他们发现失明时的反应和对此事潜在的内疚感）（Burlingham, 1975）。温贝托·纳格拉和艾丽斯·科隆纳利用这一剖面图研究了视力在儿童发展中的作用（Nagera and Colonna, 1965）。保罗·布林尼奇为失聪儿童编制了一份剖面图，同样强调了评估失聪儿童时必须考虑的其他因素（Brinich, 1981）。

正如汉普斯特德索引一样，剖面图在临床问题上的大范围应用会引发理论问题。例如，汉西·肯尼迪、玛利亚·伯杰、莉莲·魏茨纳加上我，我们四人曾经担任一群精神病儿童的治疗师，露丝·托马斯担任顾问和协调员。基于我们的工作，露丝·托马斯撰写了一篇论文，她指出，一方面，剖面图有助于凸显儿童发展混乱的各个方面，以及儿童对治疗的反应；另一方面，一些明显的重要特征也出现在源自发展最初期的其他形式的障碍中。针对剖面图所选定的各个方面，她试图对一些部分进行修订，"事实证明这些部分并不足够作为筛选器，无法区分我们正在研究的障碍与更好理解的轻微障碍在程度上的差异"（Thomas et al., 1966, p.544）。事实还证明，有必要详细说明自我和客体关系发展的各个阶段（特别是非常早期的阶段），还有家庭背景的各个方面，以及在儿童身上的发展扭曲。安娜·弗洛伊德和约瑟夫·桑德勒都参加了对这些议题的讨论（ibid., pp.544-579）。

该研究是汉普斯特德诊所众多研究中的一项，旨在研究儿童期障碍，并对比成年期与儿童期的精神病理学（Freud, A., 1965a, pp.108-147）。这些研究中的许多项目形成了不同形式的剖面图，也促进了安娜·弗洛伊德本人的思考（Freud, A., 1965a, pp.108-147）。

剖面图经过了一系列修订，以适用于成人精神障碍患者（Freeman, 1973, 1975）和物质使用障碍患者（Radford et al., 1972; Wiseberg et al., 1975）的比较研究，以及儿童和成人的精神病理学比较（Freeman, 1976）。它还曾被用于强化和非强化治疗结果的比较研究（Heinicke, 1965）。

发展路线

在公布诊断剖面图后不久，安娜·弗洛伊德公布了发展路线（Freud.
A, 1963a, 1965a, pp.62-92），这也是一套很有用的框架。它为理论的进一
步发展和技术的改进开辟了道路，因此值得单独安排一章。在第六章中，
我将介绍发展路线及其重要作用。

第六章
发展路线：发展理论的进一步阐释及后期应用

在生命的最后二十年，发展观渗透到安娜·弗洛伊德工作的各个领域。发展路线就是其体现之一。发展路线的实践作用与理论作用兼具。不管是不是精神分析师，都可以使用它来审查儿童应对各种生活经验的准备情况，或者详细了解儿童的哪些必要能力得到了很好的发展，哪些能力存在缺陷。它们还可以用于标定成年人的缺陷领域，促进理论的扩展和修正。

发展路线细致地审查了具体领域内驱力和结构发展的特定顺序。"某个儿童在某个方面达到的任意水平，都代表着驱力和自我 - 超我的发展与它们对环境影响的反应之间相互作用的结果，即成熟、适应和结构化之间相互作用的结果"（Freud, A., 1965a, p.64）。我们可以看到，儿童如何通过每一条路线所包含的各种发展任务来取得进步，以及不同路线之间的发展是否均衡。虽然这些路线更加强调可观察的行为，但它们也阐明了实现每条路线上的每一步所需的内在心理发展。为了评估发展中的障碍，发展路线有时会与剖面图一起使用，或者甚至代替剖面图。不过，发展路线特别适用于凸显发展迟滞和扭曲的方面。

发展路线并不能替代元心理学的评估方法。而且正如纽鲍尔所指出的，它们不只是又一种元心理学观，只是将其添加到动力的、遗传的、经济论的、结构的和拓扑的观点之中。更确切地说，发展的方法超越了元心理学维度，它尝试通过仔细审查较小领域和发展顺序来处理极度复杂的人类发展历程（Neubauer, 1984）。

值得注意的是，发展路线明显聚焦于儿童客体关系的作用。对于任何读过安娜·弗洛伊德战时托儿所时期著作的人来说，这些路线一看就很熟悉，因为它们是她对那些年所做观察的思考的发展（见第三章）。然而，它们是极其精简的陈述，不看解释和说明就难以理解；在这种简单的假象背后，是人类发展的复杂性。

发展路线：最初的版本

这么多年来，安娜·弗洛伊德或详或略地描述了许多条发展路线。但她最初的论述列出了被她看作原型的六条路线，具体包括：

1　从依赖到情感独立和成熟客体关系。

2　从吮吸母乳到理性进食。

3　从排泄失控到排泄控制。

4　从身体管理上的不负责到负责。

　（第2条至第4条是趋向身体自主的各方面的发展）。

5　从自我中心到建立友谊。

6　从身体到玩具，从玩耍到工作。

（Freud, A., 1965a, pp.64-87）

路线1：从依赖到情感独立和成熟客体关系

（Freud, A, 1965a, pp.64-68）

安娜·弗洛伊德将这条线看作"从一开始就受到分析师关注的基本发展路线……其顺序是从新生儿时期，对母亲照料的完全依赖；到成年时期，在情感和物质上的独立"（ibid., p.64）。这条路线描述了儿童和母亲（或母亲替代者）之间可观察的外在关系，以及关于客体表征的发展中的内部世界，这些表征成为后来关系的模板。该路线进一步阐述了她关于早期发展阶段的观点——在一次关于自我和本我发展的相互影响的研讨会上，她在讨论的开场中表达过这些观点；梅兰妮·克莱因是会议参与者之一（Freud, A., 1952c）。

阶段1

母婴双方在生物层面的统一。母亲的自恋延伸到儿童身上，儿童将母亲包含在其内在的"自恋环境"（Hoffer, 1952）中。

（Freud, A., 1965a, p.65）

安娜·弗洛伊德这段话的意思是，在出生的最初几个月里，婴儿与母亲有着固有的生理关系，从心理上来说，他还没有意识到母亲是一个独立的人。从婴儿的角度来看，这一阶段可以被称为自恋，因为他还没有发现母亲不是他自身的一部分，不由他控制；从母亲的角度来看，这一阶段也可以被称为自恋，因为作为她身体一部分的婴儿，在心理上继续被感受为她自身的一部分，随着她开始意识到他不一样的个性和与自己的差异，这种感受会逐渐改变。对客体的情感依恋发展正是以这一阶段为基础。在这一阶段，失去母亲会引起"分离焦虑"（ibid., p.66）：婴儿在被陌生人照料时所普遍遭受的身心痛苦和困扰，这种丧失使婴儿过早地经历与客体的分离。稳定的母亲替代者或与母亲团聚将有助于婴儿恢复健康。但如果这两件事都没能及时做到，可能会对婴儿以后的发展产生严重的负面影响。汉西·肯尼迪认为，安娜·弗洛伊德最初将依恋的发展放在相当晚的时间（大约六月龄出现），这是因为她最初观察的是机构中就诊的发展迟滞儿童。但后来通过她在汉普斯特德健康儿童诊所对家庭中婴儿的观察，她将依恋的发展放在更靠近出生的时间（来自私下交流）。此外，当时掌握的神经学知识表明，婴儿的神经通路还不够成熟，无法支撑心理功能。这些观点的提出，都早于最近关于新生儿区分母亲和其他人的感觉能力的研究。在 1972/1973 年的索引中，桑德勒和安娜·弗洛伊德认可，1936年提出的"最早婴儿期"指的是儿童期而不是婴儿期，而现在，它指的是生命的最初几周（Sandler and Freud, 1985, p.435）。

在安娜·弗洛伊德关于母子关系早期阶段、母子关系中断的负面影响的论述中，最具说服力的或许要数她在文章《关于失去和被失去》中的观点，这篇论文写于1953 年，但直到1967 年才得以出版。在这篇文章中，她阐明了"客体投注"和"自恋投注"的概念，前者指的是婴儿对他的客体、母亲或替代者发展出的依恋，后者指的是他最初无法在心理上明确区分母亲和他自己。过渡性客体、玩具和其他占有物成为自我或客体的象征。母亲是儿童所依赖的最重要的"占有物"，他需要感到被母亲所"拥有"，从而获得被照料和监护的安全感。经常"迷茫"或失去占有物的儿童，他们会表露出缺少监护和重视的不安全感，因此无法重视自己和象征着自己的占有物（Freud, A., 1967a）。

　　安娜·弗洛伊德认为，一个只有几周或几个月大的婴儿无法对客体产生梅兰妮·克莱因所描述的那种幻想。她把这些放在自己的第二阶段。但她的几篇文章表明，她将早期的内投和投射过程置于第一阶段（p.73）；她自己的想法应该包含了西格蒙德·弗洛伊德对自我和外在世界早期分化的描述，即哪些是快乐的和哪些是不快乐的（Freud, S., 1915, pp.135-136）。

　　在对阶段的总结中，安娜·弗洛伊德将玛格丽特·马勒提出的自闭期、共生期和分离个体化期[1]（Mahler et al., 1975）都放在了她自己的第一个阶段中——这在我看来是错误的。如今的观点否认了自闭期或共生期的存在。然而，在这一怀疑产生之前，封闭期和共生期可能被认为发生在婴儿早期这几个月中。但是，马勒对分离个体化过程的描述仍然被认为是有效的，他将分离个体化过程持续到生命的第二年，即安娜·弗洛伊德的第二阶段；事实上，安娜·弗洛伊德将个体化的失败与第二阶段的失败联系了起来（Freud, A., 1965a, p.67）。

阶段 2

　　梅兰妮·克莱因所述的部分客体或者满足需求的依附性关系，是基于儿童对身体需求和驱力衍生物的急迫性，具有间歇性和波动

1　根据玛格丽特·马勒的理论，0~2个月是儿童的自闭期，儿童与外界没有任何交流，多数时间在睡觉；2~6个月是共生期，儿童开始与母亲共生，觉得母亲是自己的一部分；6个月到2岁是分离个体化期，儿童开始独立自主，接受母亲是另外一个个体。——译者注

性，因为客体投注是在迫切欲望的影响下产生的，当个体得到满足时又会被撤销。

（Freud, A., 1965a, p.65）

　　这一极其简洁的陈述旨在概括仍然自我中心的儿童对母亲独立性的日益觉察，以及母亲在满足他多种多样的身体和情感需求方面的作用。婴儿对母亲需求的急迫程度取决于当时他身体和心理需求的多少与急迫程度。如果他的需求是平静状态，或者他自己可以满足的时候，例如，通过自体性欲行为或对周围世界的视觉和触觉探索来获得快乐时，他不需要一个外在客体。然而，正是在这一阶段，婴儿开始建立起母亲的内在形象，满足其需求和欲望的，就是"好"母亲；挫败其需求和欲望的，就是"坏"母亲（ Edgcumbe and Burgner, 1973 ）。这些形象还没有在儿童的头脑中结合成一个稳定的客体表征，这种情况下客体是以自己独立的方式存在，而不仅仅是作为婴儿的仆人。这些内在形象可能足够好，能够帮助婴儿识别正在准备喂食的声响，从而等上一小段时间；但这不会持续太久，因为只有真实的外在母亲进行真实的喂食才能阻止饥饿。同其他人相比，婴儿很快就会偏爱他们的母亲（或主要照料者），这一点从他面对陌生人时表现出的明显的谨慎甚至焦虑就能看出来。早在母亲形象稳定到足以在母亲不在时回忆起她，并将其作为舒适或安慰的来源之前，婴儿已经拥有足够好的内在形象来识别他的母亲。需求仍然比人更重要，这就是为什么安娜·弗洛伊德说，与自己母亲分离的幼儿别无选择，只能接受母亲替代者（见第三章）。
　　安娜·弗洛伊德并没有用年龄标注发展路线中各个阶段的时间，因为正常发展的年龄范围差距较大。在这一路线中，从依赖到情感独立，从第一阶段到第二阶段的转折时间取决于每对母子的个性和环境，但通常会在六月龄之前发生。尽管在一段时间内，需求仍然比人更重要，但第二阶段关键的内在发展是在儿童的头脑中建立起与快感和挫折有关的母亲表征，这有助于他觉察到他与母亲的分离，并发展出对她的依恋。安娜·弗洛伊德指出，在这一阶段，糟糕的母子关系可能会导致个体化失败、依附性抑郁（Spitz, 1946）、剥夺的各种表现、早熟的自我发展（James, 1960）或者"虚假自体"（Winnicott, 1960b）。然而，如果儿童被迫适应母亲的需要，自己的需要得不到充分满足，温尼科特认为虚假自体很可能早在第一阶段就开始了发展（Freud, A., 1965a, p.67）。

阶段 3

> 客体恒常性阶段。无论是满足还是未满足需求，客体正面的内在形象都可以保持。

> （Freud, A., 1965a, p.65）

这一阶段对人际关系未来的整体发展至关重要（Burgner and Edgcumbe, 1973），因为如果没有客体恒常性，个体将永远无法建立和维持能够经受住失望、幻灭或挫折的互惠关系。在这种互惠关系中，他可以心甘情愿地关心客体，也可以要求得到关心。

对幼儿来说，这种能力能拉长他忍受暂时分离的时间，因为儿童能够使用母亲的内在形象来代替她的实际存在，且持续的时间越来越长。非常小的婴儿可能会模仿母亲为他们做的事情。但是，只有在母亲的内在表征稳定之后，儿童的模仿才能加强为一种有用的认同，使得儿童有能力照顾自己和其他人。对于完全或主要由母亲在家中抚养的儿童，客体恒定性能力是进入幼儿园的最低要求，因为它使儿童相信母亲继续存在并会回来；如果没有这一能力，儿童就不会有足够的安全感来享受幼儿园提供的新体验。对于那些共同抚养的儿童，无论是接受日间托儿所的照顾，或是由家中与母亲的抚养角色相同甚至更重要的另一人进行照顾，他们的情况更为复杂。儿童能够与不止一个人建立固定的关系，只要他们还算稳定和可预测。因此，儿童可能会对父亲、祖父母或互惠对象产生依恋。儿童应对不止一种依赖关系的实践，甚至可以帮助他在不感到失落的情况下过渡到新情景。但是，太多的变化或丧失会延迟客体恒常性的发展，在一些极端情况下还会完全阻断客体恒常性。这样一来，儿童就无法建立起一个可信赖关系的内在模板，最终可能导致他无法信任何人，也无法期待任何长久的关系。他可能会觉得无法照顾自己或其他任何人，抑或是让其他人照顾他。加上其他一些因素的影响，此类儿童可能会对幼儿园持怀疑态度，不愿意与人交往或参加活动；或者相反，他可能会表现出"滥情"，对许多人形成短暂的依恋，参加活动三分钟热度。客体恒常性足够好的儿童通常会选择一位特定的老师，对他形成特殊依恋，这种替代者的选择有助于他应对与母亲的分离。

阶段 4

前俄狄浦斯－肛门期的矛盾关系，其特征是依赖、折磨、支配和控制爱的客体的自我态度。

(Freud, A., 1965a, p.65)

　　这一阶段通常被称为"可怕的两岁"（虽然可能比这更早开始），在这一阶段，幼儿的爱与恨、需求和欲望都可以集中在同一个人身上，许多冲突都显而易见。一会儿要求被照顾，一会儿说"让我来"；一会儿依赖着母亲，一会儿挣扎着从母亲的膝盖上溜下来，然后逃走；一会儿努力地掌控自己的身体，这可能集中在如厕训练、吃饭、洗澡或穿衣方面，一会儿可能一动不动，等着接受喂食和洗澡。安娜·弗洛伊德指出，这种行为不是因为母亲的溺爱，而是因为儿童正常的矛盾心理。这也是因为儿童快速的自我发展，导致他想练习自身所有成熟的运动技能，以及从认同父母中习得的技能。这种发展也使他充满了好奇心和探索欲，想去尝试任何看起来有趣的东西，但同时也更加能意识到外部的危险。

　　这一阶段的内在危险在于能否充分解决矛盾心理，控制关系中的攻击性和敌意。安娜·弗洛伊德延续了一篇早期论文（Freud, A., 1949a）中讨论的思路，她指出"在肛欲期，与不稳定或不合适的爱的客体之间不够令人满意的力比多关系……会扰乱力比多和攻击性之间平衡的融合，导致难以控制的攻击性、破坏性等"（Freud, A., 1965a, p.67）。这是另一段需要详细解释才能理解的陈述。战时托儿所的工作（见第三章）已经使安娜·弗洛伊德形成了她的观点，即儿童只有在亲密和稳定的关系中才能学会自我控制和为他人着想；儿童只愿意为他们爱和爱他们的人接受挫败和做出牺牲；如果儿童在家庭中建立了安全和稳定的依恋，内在的道德感和对社会规则的接受水平发展得最好。她后期的作品阐明了对攻击性的看法，认为攻击性是一种重要的驱力，如果积极地加以利用，有助于掌握各种知识，取得各种成就。此外，正如我曾经听她说过的，攻击性"赋予了儿童抓住客体的能力"。换句话说，它在儿童对客体关系的积极寻求中起着重要作用。但是，如果它没有被力比多所"平衡"，即如果没有被爱和对客体的关心所约束，它就会变得具有虐待性和破坏性。对他人施暴的儿童试图建立平衡的关系，希望用爱来控制恨，结果却未能成功。他们唯一的快乐似乎在于破坏或损毁财产。他们折磨动物、其他儿童或成年人中的弱者。他们在发展的关键期被剥夺了充满爱的、稳定的关系。

总而言之，这前四个阶段通常被称为"前俄狄浦斯期"，与驱力发展的口唇期和肛门期相对应；一些类型的障碍的根源来自该阶段，以宽松的标准来看，它们可以被认为是"非神经症性的"。在精神分析早期，这些障碍被认为不适合进行精神分析治疗，然而，随着人们认识到发展迟滞和发展偏差是有可能治疗的，这种观点发生了转变（见第七章）。

阶段 5

完全以客体为中心的俄狄浦斯期，其特征是对异性父母的占有欲，对同性父母的嫉妒和竞争心，保护性，好奇心，渴求赞扬，以及自我表现的态度；在女孩身上，对母亲的俄狄浦斯（男性化）情结要发生在对父亲的俄狄浦斯情结之前。

（Freud, A., 1965a, pp.65-66）

在这里，安娜·弗洛伊德终于来到了客体关系阶段，西格蒙德·弗洛伊德和早期的精神分析师认为该阶段对于神经症的发展至关重要。安娜·弗洛伊德本人也坚持这一观点。但她对前几个阶段可能出现的问题的认识使她（和许多现代精神分析师）认为，幼儿神经症不仅仅是一种情感障碍，还是一种成就，只有那些成功地越过早期阶段并发展出人格结构的个体，才有能力产生内化的神经症性冲突。

为了与父亲／母亲结婚而潜意识地想谋杀母亲／父亲，这一简单原则不足以说明个体在这一阶段所取得的成就。要想产生关于这些欲望的冲突，就要求儿童不再将每一个爱的客体视为满足需求的来源，可以在不需要时丢弃，在需要时取回，而是接受客体的独立存在并关注客体的需要和权利。儿童还必须意识到父母之间存在着将他排除在外的某些关系，即，他必须超越一次只能与一个人建立一对一关系的能力，转而具备一次与另外两个人建立三角关系的能力。他必须发展出一个复杂的内在世界，这个世界可以包含所有这些不同类型的关系及其所伴随的欲望和感情。他必须有足够好的自我和超我，意识到乱伦欲望的禁忌性，对此感到焦虑和内疚，并关注按照自身愿望行事对自身客体的影响。此外，所有的内在和外在影响共同决定了儿童在积极和消极的俄狄浦斯情结之间的转换，即对异性或同性客体的选择。

如果儿童没有发展出符合这个阶段的冲突，就意味着他有发展缺陷，会导致非神经症形式的人格障碍。如果儿童发展出冲突但未能充分解决，他就具有了发展出神经症性性格或神经症性症状的基础。只有发展并解决了冲突的儿童才能拥有之后健康发展的基础。

阶段 6

潜伏期，即在后俄狄浦斯期，驱力的急速降低，力比多从父母转向同龄人、社会群体、老师、领导者、非个人的理想以及目标抑制的、升华的兴趣，儿童通过幻想表达对父母的失望并诋毁父母

（"家庭浪漫史"[1]、孪生幻想等）。

（Freud, A., 1965a, p.66）

这是对一名健康的学龄儿童的描述：他的兴趣日益广泛，乐于学习许多领域的知识，培养各种才能和技巧。在不那么个人化的方面，通过他对各种"事业"和活动的热情，可以看出他对社会、政治和法律等问题的认识。这个儿童与同龄人有着紧密的互动，并对家庭圈外的成年人产生了钦佩。安娜·弗洛伊德指出："直到力比多开始从父母转移到群体，孩子才有可能完全融入群体生活"（ibid., p.68）。如果一个儿童在阶段6发展得不够稳固，他就很容易对学业不感兴趣，无法融入同龄人群体，经常不愿上学或者在寄宿学校非常想家。

阶段7

前青春期是"青少年版逆"前的序曲阶段，即回归早期的态度和行为，尤其是在部分客体、满足需求和矛盾类型方面。

（Freud, A., 1965a, p.66）

在这个阶段，通过重新恢复高苛求的、对立的和不顾及他人的行为，之前潜伏期比较理性的儿童让他们的父母手足无措。这代表着退行到与父

1　西格蒙德·弗洛伊德提出的概念，指的是儿童在幻想中试图逃离父母，臆想社会中地位更高者取而代之。——译者注

母关系的早期形式，儿童已经长大，但这种关系仍然存在于他的头脑中，每当遇到压力，他就想恢复这种关系。正如安娜·弗洛伊德在早期一篇关于前青春期的论文中所描述的那样，儿童在这个阶段面临的是青春期驱力激增的前奏。在儿童成长到充满驱力活动的生殖期之前，这种激增加强了口腔、肛门和性器的驱力成分，重新恢复了属于这些阶段的针对父母的原始幻想。儿童的自我和超我陷入了斗争，试图放弃这些婴儿化的应对方式。然而，自我和超我需要花上一段时间才能找到更成熟的方式来整合驱力，寻找同龄的性客体，并与父母建立更成熟的关系。刚开始，在否定这些婴儿幻想和乱伦幻想时，儿童所能做的就是完全远离父母的影响，包括他们的陪伴、他们对自己的控制。升华可能会暂时失去，对学业的兴趣可能会减弱（Freud, A., 1949b）。

阶段 8

> 青少年试图否认、颠覆、弱化和摆脱与婴儿客体的联系，他防御着前生殖期，最终通过将力比多投注转移到家庭之外的异性客体来确立起生殖期的绝对地位。
>
> （Freud, A., 1965a, p.66）

这是另一段包含大量信息的陈述，阐述了儿童期和成年期之间复杂的过渡状态所涉及的内容。1936 年，她描述了青春期自我为控制高涨的攻击性而进行的斗争；她还讨论了青春期出现的两种防御方式：理智化和禁欲，这两者都旨在使个体远离身体的本能需求（Freud，A., 1936, pp.152-165）。

　　她还强调了青春期客体关系的内在变化的重要性：从当前对父母的"乱伦"之爱中退出，这一需要也可能导致对超我的否定，因为超我是基于父母的榜样和要求而产生的（ibid., pp.165-172）。她在后来的一篇文章中进一步对此进行了阐述。这篇文章讨论了治疗青少年的困境，她认为，一部分原因是青少年无法完全移情精神分析师，因为他正全神贯注于脱离父母和将力比多转移到新客体的内在斗争中（Freud, A., 1958b, pp.145-148）。她把这比作哀悼和恋爱：个体在这些状态下全力关注的，是放弃一段丢失的关系或者建立一段新关系。在这两种情况下，人的兴趣都完全集中在一个真实客体上，几乎没有多余的兴趣来留给对精神分析师的移情，因此也难以分析和探索。哀悼必须发生，即个体必须丢掉童年期的亲子关系，才能建立起同伴关系，并改善与父母的关系。

　　在青少年试图摆脱与客体的婴儿关系时，他可能会使用防御，安娜·弗洛伊德描述了防御的各种形式，以及这些防御可能对行为产生的影响。青少年不会逐步从父母那里撤回力比多，而是会突然这样做，他可能会真的逃跑，离家出走，或者在情感上认可另一个似乎与父母截然相反的成年人，又或者加入同辈群体并接受他们的价值观。他可能以无害或者违法的方式来反对父母的理想标准，这取决于谁是新的依恋和认同客体。在试图摆脱他的依恋之爱时，他可能会翻转情绪，对父母怀恨在心。这使他变得不合作，充满敌意。他也可能将自己的感情投射到父母身上，认为他们充满敌意，要伤害他。或者，他可能会以自杀倾向或其他自残倾向来发泄自己的感受。如果他把力比多从父母身上撤回到自己身上，他可能会变得自恋性自大和自恋性全能；又或者，如果他关注的是自己的身体而不是心理，他可能会患上疑病症。如果是为了逃避俄狄浦斯情结层面的冲突，他会退行到"原始认同"，这涉及自我功能的解体和驱力的退行，他可能会失去自我和客体之间的界限、内在和外在世界之间的差异、现实和幻想之间的区别，并可能最终遭受失去自我的痛苦（ibid., pp.155-164）。

在后期的一篇文章中，她将青春期描述为一种发展障碍，指的是在这一阶段，大范围的生理和心理变化可能会破坏以前的良性平衡。即使这是暂时的，它也能对个人造成损害，因为在发生这场剧变的同时，教育和社会也对个体提出了要求，包括学业成绩、职业选择以及自身的经济和社会责任（Freud, A., 1969g）。

从依赖到情感独立和成熟客体关系，这条发展路线是所有路线中最重要的一条。这不仅仅是因为其他所有路线都围绕着这条路线，还因为正是在这里，安娜·弗洛伊德将她在工作中提出的各种关于客体关系的表述组合在一起，形成了一个系列。

路线2到4：趋向身体自主

安娜·弗洛伊德将这三条路线描述为"趋向身体自主"："从吮吸母乳到理性进食"，"从排泄失控到排泄控制"，以及"身体管理上的不负责到负责"（Freud, A., 1965a, pp.68-77）。在这三条路线中的每一条中，随着自我发展的进行，儿童要经历好几个阶段，才能从母亲手中接过对自我功能的管理。基于战时托儿所的工作中关于进食和如厕训练的观点，安娜·弗洛伊德提出了前面两条路线（见第三章）。作为对发展压力的正常反应，所有孩子都可能出现短暂的困难，但更严重的发展迟滞和退行可能反映了母子关系的失败或问题。

例如，在从吮吸母乳到理性进食这条路线中（ibid., pp.68-69），只要儿童认为食物和母亲是等同的，与母亲的任何冲突就都可以通过吃饭这一活动解决。因此，在阶段3和阶段4，关于食物数量、餐桌礼仪、饮食风尚、对甜食的渴望等方面的斗争，可能代表着关于自主性、如厕训练中的矛盾、对替代性安慰的需求等方面的斗争。因为这些斗争的真正主题是母子关系而非食物，所以处于这些阶段的儿童与其他人待在一起时通常会吃得更好，例如在幼儿园。然而，发生在早期阶段的创伤性分离可能会导致儿童拒绝进食或过度进食，前者是因为儿童只会为了母亲而进食，后者是因为儿童将食物视为母亲的替代品。

食物＝母亲，这一等式在阶段5逐渐消失。但这一阶段正是俄狄浦斯期，非理性的态度可以通过婴儿性理论来解释：拒绝食物可能反映了通过口腔怀孕的幻想，害怕发胖可能代表害怕怀孕，拒绝吃肉可能是对食人欲和施虐欲的反向形成。在这个阶段，与母亲以外的其他人一起吃饭并不能解决问题，因为这些问题现在被内化了，它们是儿童自己的冲突，而不再是他和母亲之间的冲突。

只有在阶段6，个体的饮食才会变得相对理性。但所有成年人的偏好和饮食习惯都在一定程度上受到早期经历的影响，如果早期经历存在严重问题，可能会留下长久的、与饮食有关的严重弱点。

通过类似的方式，安娜·弗洛伊德追踪了趋向身体自主的另外两条路线，她指出了其中正常的暂时性困难，以及可能与之相关的更严重的病态。接着，她又描述了另外两条路线。

路线5："从自我中心到建立友谊"

（ Freud, A., 1965a, pp.78-79 ）

　　这一路线描述了四个阶段。第一个阶段是对客体世界利己的自恋观，忽视其他儿童，或是只将其视为争夺母亲的竞争对手；第二个阶段是对待其他儿童像玩具一样，不期待回应；第三个阶段是将其他儿童当作某个任务的帮手；第四个阶段则是将其他儿童视为伙伴和客体，是独立的存在。只有在第四个阶段，儿童才会羡慕、害怕其他儿童，与他们竞争，才能对其他儿童有爱和恨，认同他们，分享物品并尊重他们的意愿。第三阶段，即利用其他儿童作为帮手的能力，是儿童融入儿童群体的必要条件，但只有第四阶段才能使儿童建立持久的友谊。

路线6：从身体到玩具，从玩耍到工作

（ Freud, A., 1965a, pp.79-84 ）

　　这又是一段包含大量信息的总结，在此不做赘述。它描述了从婴儿与自己和母亲的身体玩耍到过渡性客体（ Winnicott, 1951 ）的阶段。儿童开始玩柔软的玩具，将其作为象征性客体，用以表达各式各样矛盾的感受和欲望，因为这些玩具无法反击。其后，可爱的玩具会逐渐淡出儿童的视野（除了睡觉时间），在白天，它们的地位逐步被服务于自我活动和幻想生活的游戏材料所取代。安娜·弗洛伊德描述了多种自我和驱力需求，这些需求可以从客体中转移出来，通过不同种类的玩具和材料得到满足。最终，直接的驱力快感被成就感所取代，它相对独立于客体的表扬和欣赏。最后，当儿童能够控制、抑制和修改本能冲动，以便在公共的群体生活中建设性地使用它们时；当儿童能容忍挫折，以便执行长期计划并从最终结果中获得乐趣时；当儿童能依据现实需求从升华中获得快乐时，玩耍的能力便发展为工作的能力。在通往这一最终结果的过程中，安娜·弗洛伊德还描述了各种活动在游戏和工作之间的转化情况：白日梦可以代替关于玩具的幻想游戏，有组织的游戏提供了替代性的、社会认可的渠道来表达攻击和竞争，课余爱好作为介于游戏和工作之间的活动得以发展。我相信，她的意思并不是说，一旦具备了工作能力，个体就会放弃玩耍，而是指他可能通过想法和幻想来玩耍，而不是玩具和游戏。

20世纪80年代，汉西·肯尼迪主持了一个研究玩耍的团队，1987年在安娜·弗洛伊德中心举行了一次国际研讨会，其主题是探讨玩耍在儿童和成人精神分析中的作用。关于玩耍和工作的本质也有很多更一般性的讨论。罗伯特·沃勒斯坦在他的总结中指出，玩耍和工作并不是相互排斥的对立物，而是经常混合在一起。创造力在一定程度上取决于个体玩创意的能力，即使是在最严肃的科学工作中。工作抑制可能源于对工作的娱乐性方面的禁止，而这种娱乐性是玩创意这一创造力的基础（Wallerstein, 1988）。

发展路线的应用

安娜·弗洛伊德以儿童上幼儿园为例，解释了如何利用儿童在相关发展路线上的状态来预测他对新体验的准备情况（Freud, A., 1960b, 1965a pp.88-92）。相比于儿童年龄，更重要的是他是否已达到从依赖到情感独立这一路线的阶段3：客体恒常性，也就是在与母亲分离时依然能记住母亲。要想在幼儿园舒适地进食，儿童需要在从吮吸母乳到理性进食这一路线中达到阶段 4，即能够自主进食，不再将食物等同于母亲。要使用幼儿园的厕所，他需要在排泄控制路线上达到阶段 3，即超越与母亲斗争的肛门期，认同周围人对保持干净环境卫生的需求。为了与其他儿童和睦相处，他需要至少达到从自我中心到建立友谊这一路线的阶段 3，能够将其他儿童看作游戏助手；一旦达到阶段 4，他就能够将其他儿童看作有着自身独立性的伙伴并建立真正的友谊，从而成为团队中有建设性的主要成员。为了享受幼儿园安排的活动，他至少需要达到从玩耍到工作这一路线的阶段 4，在这一阶段，儿童能用游戏材料来发展自我活动和表达幻想。

在许多面向其他学科专业人士的文章中，借助发展路线中的具体内容，安娜·弗洛伊德解释了儿童是否有能力应对各种生活事件（见后文：精神分析发展观的应用）。除了作为儿童对各种生活经验准备程度的衡量指标，这些路线还可以作为一种额外的诊断工具，因为路线之间的对应或缺失可以显示儿童的发展是否平稳，也能显示那些发展不一致的地方，从而指出儿童发展领域中的特殊困难。因此，这些路线具有双重功能。它们帮助人们了解正常发育的详细状况，以及这些状况如何影响儿童对经验的反应；它们还有助于精确指出导致病态的迟滞或扭曲区域，以及这些问题在个体生命中的发生时间，这些都是进行精确而有效的治疗所需要的信息。

一定数量的不平衡属于正常范围，只是表明了每个人人格中最受偏爱的趋势和倾向；这种不平衡一部分取决于天赋，一部分受到家庭和文化背景等环境的影响。例如，母亲可以促进儿童语言的发展，同时抑制其身体活动，反之也有可能，但这只能在一定程度上生效，因为它还取决于儿童自身的先天趋势。

安娜·弗洛伊德描述了更极端的发展不一致会如何导致各种扭曲行为。例如，高智商，但在情感独立和成熟客体关系、建立友谊以及身体自主这些路线上发展迟滞的儿童，可能在行为上表现出性和攻击性的倾向（包括那些被成年人视为"不正当"的行为），大量的有组织的幻想，以及对违法倾向的巧妙合理化。他们往往被贴上"边缘性"或"精神病倾向"的标签。人们发现，那些被描述为"注意力不集中"或"注意保持时间短暂"的儿童，他们通常在"从玩耍到工作"这一路线上非常迟滞，而在其他路线上保持正常。如果对自我功能进行进一步的审查，你会发现若干问题。例如，无法实现对前生殖期驱力成分的控制（从而陷入幻想，妨碍到工作），无法从快乐原则转向现实原则，或者无法从活动的最终结果（而是从直接的满足）中获得快乐（Freud, A., 1965a, pp.126-127）。利用发展路线进行诊断，这一应用将发展成为一种方法，能够准确指出治疗中需要解决的特定迟滞、缺陷区域，正因如此，它对治疗技术产生了重要影响（见第七章）。

发展路线的后期研究及理论启示

精神分析师们一直认为发展顺序很重要，安娜·弗洛伊德在《儿童期的常态和病态》一书中所提及的几条路线正是例证。然而这并不是一份全面彻底的清单。其他同事开始延续她关于发展路线的思考。例如，一个关于成年精神病理学的研究团队制定了一条"从弥漫性躯体兴奋到信号性焦虑"的发展路线（Yorke et al., 1989, pp.5-10）。另一个研究团队制定了一条有关洞察力的发展路线（Kennedy, 1979）。还有研究者提出了语言发展路线的开端（Edgcumbe, 1981）。安娜·弗洛伊德自己也在继续添加路线，并指出可能还存在着更多。

她总是希望诊断医生记住，在儿童接受评估的年龄，什么情况对他而言是正常的，从而辨别出异于正常发展的偏差。剖面图从整体上描述了儿童当前的发展状况与病态，以及在某些特定时刻产生的妥协，这些妥协源于宏观结构或宏观系统：驱力、自我／超我和外在世界。在剖面图中，家庭背景和个人史部分提供了发展背景的信息，重要环境的影响部分则试图评估外在世界和儿童发展中的内在结构之间的相互作用。然而，发展路线从纵向视角审视了微观系统之间的一系列相互作用，这些微观系统包括了驱力、自我／超我和外在世界中更细微的元素。这一方法展现了儿童如何在每一条路线上达成目标，例如，他如何获得身体管理的各个领域的控制力，或者离获得工作能力还有多大差距。

在安娜·弗洛伊德的后期研究中，可以进一步看到发展路线和剖面图的差异。剖面图将客体关系和自恋作为单独的一部分，诊所时期的很多论述认为这一想法是可取的，尽管如此，安娜·弗洛伊德还是选择维持原意，用它们来描述客体和自我之间的力比多分布情况。

另外，在这些路线中，"与客体相关的自我态度"被给予了更多的重视。的确，安娜·弗洛伊德理所应当地认为，精神分析师已经熟悉了力比多阶段和本我的攻击性表达之间的相互作用，以及与客体相关的自我态度，这可以追溯到从婴儿的情感依赖到成人的自主和成熟的性与客体关系的发展（Freud, A., 1963a, pp.245-246; 1965a.pp.62-63）。这就是她所阐述的"从依赖到情感独立和成熟客体关系"这一原型发展路线

（Freud, A., 1963a, pp.245-248; 1965a, pp.62-66）。

在安娜·弗洛伊德后期的理论思考中，客体关系扮演着越来越重要的角色。当然，她一直在强调客体在儿童内在世界的结构化中所起的作用。在这个过程中，在自我和超我功能的许多方面，客体都是认同和内化的模板，因此对于控制和转化驱力冲动、欲望和情感十分重要。但在1965年之后，随着她越来越重视用发展路线来阐释缺陷精神病理学，她对关系的重视似乎发生了微妙的变化。这并不是说她曾将对客体依恋的需求概念化为最基本的，或者是比驱力更重要的动机。但她后期的一些论文似乎确实表达了一种趋势，即在动力理论中，将驱力与客体关系放在近乎平等的地位。

同最初提出的原型路线相比，她在后期研究中添加的大部分路线都不太详细。这可能是因为她不打算以任何僵化的方式将任何一条路线用作测量工具。她想探索的是，各种细微领域的相互作用是如何伴随着时间，以一种复杂的、起初并不稳定的方式发展，从而形成一个人的性格。随着个体不断地成熟和发展，在识别正常和病态人格发展方面，这些区域逐渐变得更加固定，有时甚至显得僵化。

在早期的文章中，安娜·弗洛伊德与其他儿童精神分析师一样，将儿童精神分析当作成人分析的"子专业"。他们认为它是一种证实或纠正发展理论的方法，而这些发展理论源自成人精神分析中的重构；他们基于与成人精神分析的技术差异来进行儿童精神分析的技术探讨。但她后来改变了观点，认为儿童分析师应该"单干"（Freud, A., 1971c［1970c］），在后期的文章中，她将儿童精神分析视为一门与成人精神分析相关但又独立的学科，有着不一样的理论构建和技术发展。尤其是在以下三篇文章中，她在发展路线的背景下明确地提出了自己的观点。这三篇文章分别是《精神分析视角下的发展精神病理学》（Freud, A., 1974c）、《儿童精神分析的主要任务》（Freud, A., 1978a）和《对精神发育正常和异常儿童的精神分析》（Freud, A., 1981e, 1979b）。

这些文章都强调了她自身的观点，即我们对发展的认识仍然过于整体化。她引用了斯皮茨（1965）和马勒（1968）的研究，他们研究了早期发展阶段的详情，她认为这种方法可以用来揭示个体发展至成熟的整个过程。她提出了自己的发展路线，作为"通向儿童人格的每一个预期目标的阶梯"（Freud, A., 1974c, p.63）。她提出了一个专属于儿童精神分析师的探索领域，即向前发展的变化和对自我整合功能的探索（Freud, A., 1978a, p.99）。如果说元心理学的发展是经典精神分析的"最高成就"，那么儿童精神分析可以被认为是"儿童心理学中全新的、针对发展的精神分析理论"（ibid., p.100）。发展路线是"儿童精神分析师的专属领域"（ibid., p.101）。

她在后期文章中添加了更多路线。例如，从身体的到精神的释放途径，从有生命的客体到无生命的客体，从不负责任到内疚（Freud, A., 1974c）。

"从身体的到精神的释放途径"这一路线是从新生儿开始的，在新生儿身上，任何身体或精神上的兴奋都是通过身体释放的：睡眠、进食或排泄都可能受到影响；婴儿对人的反应是脚踢或挥舞手臂。一岁以内的婴儿，即使心理活动正在发展，身心间的联结依然非常紧密。身体上的剧变会导致精神上的痛苦，表现为哭泣；精神上的冲击、焦虑或痛苦会导致身体上的剧变。一岁到两岁内，随着更多的精神释放途径的建立，大脑开始接管身体的功能，释放各种紧张情绪。然而，只有在两到三岁时，随着言语和继发过程思维的发展，身体和精神功能之间才有了更清晰的划分，尽管这种划分无法真正完成。正常的成人仍然有身心反应，如紧张导致的头痛和肠道不适。那些身心关系依然非常紧密的领域，可能会导致今后出现心身疾病、癔症和疑病症（ibid., pp.64-65）。

"从有生命的客体到无生命的客体"这条路线在一定程度上受到了温尼科特"过渡性客体"概念的影响。安娜·弗洛伊德认为，使用无生命的玩具是一种正常现象，它是从儿童对人类的爱恨关系中分离出来。这些替代品对儿童很有用，因为作为爱的客体，它们处于儿童的控制之下，不会对他的攻击进行报复。她指出，这些特质在"善于与儿童相处"的温顺的狗身上也能发现。但她推测，如果儿童缺乏满意的人际关系，他可能会过分依恋物品或动物，而不是人；她还认为，破坏玩具和欺负动物，以及后来更严重地破坏财产和虐待动物，都是未经纠正的攻击行为从人类客体转移出去的结果（ibid., pp.65-6）。

"从不负责任到内疚"这条路线指的是一系列熟知的相互作用，最终产生成熟的内化的超我。但是安娜·弗洛伊德指出，我们往往会错过"中间阶段"，在这个阶段，儿童开始意识到欲望和超我之间的内在冲突，但不愿意接受自己内心痛苦的挣扎，因此，他将自己的欲望外化到其他儿童身上，并对同龄人吹毛求疵，直到他最终能够接受自己的内疚感（ibid., pp.67-68）

在好几个地方，她提出了关于防御外部和内部危险、各种焦虑和不愉快的发展路线的想法。对于外部危险以及后来的内部危险而言，最原始的防御是逃避和否认。投射和内射是用来在早期区分自我和客体、自我和本我的过程，一旦建立了对自我和客体的基本区分，它们也可以用作防御。躯体化是另一个正常的早期过程，在"从身体的到精神的释放途径"这一路线中，那些处于停滞或退行状态的人可以使用它进行防御。所有这些原始防御都适用于相对混乱的人格。更为复杂的防御，如压抑、反向形成和升华，它们在人格结构化之前无法发挥作用。例如，只有在"从身体的到精神的释放途径""从不负责任到内疚"这两条路线发展到最高阶段之后，强迫性防御才能发挥作用 [Freud, A., 1969f, 1956, p.313, 1974c, pp.73-74, 1981a, pp.141-144; 1981e, 1979b, p.124]。青春期的禁欲、理智化和客体转移等防御在之前已经提到过了。

洞察力的发展路线由汉西·肯尼迪（1979）提出，并由安娜·弗洛伊德（1979a, 1981a）论述，它与其他路线存在饶有趣味的差别。它代表着一种能力的拓展，然而，大多数人相对很少使用这种能力，因为防御的作用机制是减少对带来麻烦的欲望和感受的有意识觉察。洞察力依赖于自我觉察中的自我功能，而在婴儿和幼儿中，自我觉察只能以经验知觉的形式存在。儿童在情感上和认知上都以自我为中心，利用这种知觉，儿童得以维持一种舒适的内心状态，利用自身防御来对抗不愉快或威胁性的感受和欲望，并请求他的客体解决那些妨碍或困扰他的状况。例如，他可能想把新出生的婴儿送走。

潜伏期儿童具有良好的自我和超我功能，更适合进行反思性自我觉察，即理解自身经历和感受中的因与果，以及他人反应的原因和外部事件的原因。但出于防御的目的，即使大多数儿童可能会利用这种能力来增进对周围世界的了解，他们也不会利用这种能力来洞察自己。

青少年的内省往往更多，可能会利用智能来了解自己和他人。但他们关注于当前青少年时期的困难，这往往使他们对自身的过去并不感兴趣，因此也就对理解过去和现在之间的模式、建立过去与现在之间的联系不感兴趣。

许多正常的成人只是带着有限的自我觉察来管理生活。有创造力的艺术家往往特别能觉察到潜意识的过程和动机。但对于普通人来说，只有当解决冲突和剥夺的内部手段产生病态结果时，才需要拓展洞察力，以找到新的、不同的解决方法。因此，精神分析可以用来增强洞察力的潜力（Freud, A., 1979a, 1981a; Kennedy, 1979）。

有许多条路线关注于自我和超我的功能缺陷，精神分析师们对此已经十分熟悉，发现这些缺陷会导致边缘性、精神病性和其他非神经症形式的成年精神病理现象。安娜·弗洛伊德的贡献是告诉人们，儿童精神分析的研究发现可以增进对成人障碍的理解。因此，在这些论文中，她的重点发生了转变，不再只是儿童期精神病理学，还包括了成年期。约克强调了发展路线对于理解成人人格和功能缺陷的重要意义（Yorke, 1983）。

在一些论文中，安娜·弗洛伊德对儿童期和成年期的精神病理进行了比较。她讨论了在发展领域将成人诊断应用于儿童的合理性，也展示了走向成熟的道路是多么复杂和困难。例如，在《儿童期的常态和病态》一书中，她讨论了反社会、违法和犯罪，认为这几类诊断结果不能应用于幼儿，即使在他们身上发现了潜在的征兆。英国法律认为，儿童在8岁之前无法具备犯罪意图，即使是在8岁之后，他们也应该享受"年龄优待"。从精神分析的角度来看，儿童必须理解他所处的社会环境，认同其管理规则。社会适应是一个渐进的过程。但安娜·弗洛伊德描述了这个过程中的一些阶段，以及可能意味着失败的某些危险迹象（Freud, A., 1965a, pp.164-184）。与寻找反社会的"原因"相比，她更喜欢从"转变自我放纵和自我中心的态度"这个角度来思考问题，这些是儿童的原始天性。"这一思考方式有助于构建导致病态结果的发展路线，与正常的发展路线相比，它们更为复杂，定义不太明确，并且包含了更大范围的可能性"（ibid., p.167）。

新生儿的规矩就是他自己，他由自己先天的快乐原则支配，努力去减少那些令人不愉快的紧张状态。然而，除了自体性欲行为的快感之外，没有母亲的帮助，他无法获得他所寻求的满足感。因此，除了成为满足需求的第一个客体外，母亲还成了他的第一个"立法者"，让他直面外在世界的规矩，这涉及满足的定时和定量问题。根据母亲对婴儿的敏感程度，婴儿能感受到这种控制是友好的还是敌对的；根据婴儿能否温和地接受母亲的规矩，母亲会觉得他是顺从的、轻松的或者任性的、困难的。

不久之后，除了基本的身体需求，对母亲和其他人的性驱力和攻击驱力成为内在快乐原则和外在现实需求之间的另一个紧张源。在儿童学习避免危险，避免伤害自己或客体，避免破坏财物或违反社会礼仪时，内在和外在需求之间会不可避免地发生冲突，这表现为儿童的不服从、顽皮和发脾气。

到这个阶段，学步幼童的道德准则仍然依赖于外在世界，"正如我们所知，几乎整个人格和性格的形成，也可以看成是在摆脱这一窘境，并获得成熟个体所拥有的权利，来判断自己的行为"（ibid., p.170）。

在整个生命过程中，快乐原则继续主导着潜意识过程，如幻想和做梦，它还与神经症性和精神病性症状的形成有关。但是，在管理正常的

自我功能时，它被现实原则所修正。如果这种情况没能发生，个体仍然
会受冲动驱使，无视社会规范，无法忍受挫折。因此，这是社会化过程
中虽非唯一、但很重要的一步。高度适应现实的个体能够利用好他们在
反社会方面的能力。

　　适应现实所需的基本自我功能包括：记忆、现实检验、对推理和逻
辑以及因果关系的理解（后者在很大程度上依赖于语言的习得），这些能
力使得思维中的期待和试探成为可能。自我的整合功能也很重要，它能
帮助婴儿将截然不同的、多种多样的经验汇集成某种连贯的、合理的模
式；同样重要的还有防御的发展，足够灵活和平衡的防御的产生，能够
控制个体的冲动和感受，避免产生过度抑制。在非常年幼的儿童、有智
力缺陷或自我功能受损的儿童身上，很难看到这种水平的功能。

　　但是，内化社会规范的最重要步骤取决于儿童与环境之间的力比多
联系，即他对父母的依恋。依恋的效果是，他会模仿父母、认同父母，
这包括将他们的社会理想构建到理想自我之中，成为良知的一部分。这
些理想需要好几年的时间才能完全内化。所谓完全内化指的是，不管周
围的人是否支持他的观点，儿童都会坚持自己的道德原则。如果缺乏稳
定的人际关系，个体可能永远不会发展到自我控制和接受社会规范的阶
段。又或者，如果认同的客体本身是罪犯或违背了公序良俗，这也可能
导致某种形式的反社会行为（ibid., pp.164-180）

　　在一篇早期的文章中，安娜·弗洛伊德更详细地描述了一系列的社
会适应不良，区分了源于早期客体爱受挫并随之削弱自我和超我功能的
社会适应不良，以及源于冲突的社会适应不良。在后一种情况中，反社
会行为的含义可能是，儿童亲密的情感关系中尚未解决的俄狄浦斯和前

俄狄浦斯冲突转移到了家庭之外。这种反社会行为表现为防御失败时本能行为的爆发，或者是对幻想和恐惧的活现（Freud, A., 1949d）。

创伤或压力过大可能导致社会态度的退行。在 1964 年举行的一次创伤专题讨论会上（部分文章于 1967 年出版，其余于 1969 年出版），她阐明了自己对创伤的看法，这一内容一部分呈现在一篇论文中，另一部分出现在对其他与会者的回应中。她强调，创伤不能被客观地定义，只能根据个人的内在情况来定义：由于突发的过度刺激，个体对此毫无准备，使得自我功能丧失行动能力，陷入迷茫和无助。她论述了不同水平的刺激忍耐力的重要性，这可能部分决定于个人因素，部分决定于环境因素。因此，在轰炸期间，人们可以通过提高他们的"刺激屏障"来承受远高于正常水平的压力。应对创伤和从创伤中恢复的方式也很重要，能够确定创伤性事件在人们生活中的地位。她以在战时托儿所和汉普斯特德诊所接受治疗的儿童为例，并讨论了其他参会者的材料。一些创伤性事件之所以会产生病态结果，仅仅是因为它们太极端了；另一些创伤性事件则会将普通的预先存在的冲突触发成更严重的神经症（Freud, A., 1969e, 1964）。

安娜·弗洛伊德警告说，对社会化而言，不要将攻击性看成比性驱力更重要的威胁。她认为，当攻击性与力比多驱力相融合时，它是一种积极的力量，它让儿童坚毅，能够抓紧自己的客体。它也是理想抱负的基础，促进了超我的力量及适当的严苛性。以上这些都是对攻击性的正常修正。如果攻击性没有与力比多融合，它只是对社会适应的一种威胁，通常由儿童在重要关系中的失败（真实的或想象的）所导致，包括了失落、失望、被拒绝或其他困扰。如果攻击性发生在肛欲期，这一判断似乎尤其正确，因为它释放了儿童的施虐欲和破坏性。如果不重新建立客体关系，这些欲望可能成为违法行为的主要原因（Freud, A., 1965a, pp.180-181）。她在早期的一篇文章（1949c）中论述了这些问题，强调了本能作为"思维构建者"的作用。本能不断对个体施加压力，要求他找到管理它们的方法：获得快感或忍受挫折，根据家庭和社会的要求来控制、引导或压制它们。个体不断地受到挑战，他不断地经历由本能性紧张引起的冲突，从而在情感和智力上得到了发展。攻击性的转化对于人格发展有着积极的作用。但是，在这些转化过程中，如果缺乏适当的爱，可能会导致各种形式的精神病理现象，其中包括了由攻击性指向自我导致的自杀冲动，以及将攻击性投射到其他个体或群体身上，后者会导致人际关系矛盾，以及种族和国家歧视、种族大屠杀和暴力（ibid.）。

安娜·弗洛伊德对一次攻击性主题的国际精神分析会议进行了总结，她解释说，尽管攻击性的具体表现可能会受到不同力比多阶段的影响（即产生口唇、肛门或性器攻击），但攻击性并不会完全依照力比多阶段来发展。另一个区别在于，力比多的目的是专门针对驱力的，而攻击性可以有许多目的，包括破坏性的和建设性的。通过使用随成熟而变化的防御，对客体的关心和维系客体的渴望，以及依赖于身体成熟和自我发展的攻击"工具"的变化，攻击性可以发生转化。关于攻击工具的发展路线描述了攻击性结果的削弱，例如，从咬、弄脏、踢或打等身体表达转向言语攻击；而另一条路线则描述了攻击性的加剧：从拳头、牙齿等身体"工具"转向使用武器。她回忆起西格蒙德·弗洛伊德的一段话："第一个用语言而非长矛来攻击敌人的人是文明的奠基者"（Freud S., 1893. p.36），并附上了自己的评论："第一个用机械力量代替拳头动作的人是战争的发明者"（Freud, A., 1972, p.164）。

她再次指出儿童精神分析中存在的特殊技术问题，鉴于儿童的身体活动较多，攻击性材料的占比更大，这可能导致攻击性比性冲动更容易得到释放。她强调有必要（不论是成人还是儿童）阐明攻击性的动机：例如，焦虑、对新材料的自我抗拒、超我的反应、拒绝积极移情、对被动性的防御。这种区分对于临床认知和技术选择都是至关重要的（Freud, A., 1972）。

最后的步骤是从在家庭内部发展到在社会群体中按照道德和社会方式生活，这一步有其特殊困难。正常家庭能宽容地支持儿童的发展，即容忍他的个人特质。但在上学后，学校的规定通常是儿童第一次接触到一种更为客观的纪律，在成人群体中，"法律面前人人平等"既带来了好处，也意味着牺牲。即使是成人也会发现，有一点实在让人难以接受，那就是无论他们有何需求或特殊情况，法律都不会网开一面。只有基本的道德准则以及对管理规范背后原则的接受，才能成为普通人内在世界的一部分，而不是某个法律的具体内容（Freud, A., 1965a, pp.181-18）。

《儿童期的常态和病态》一书对一系列发展因素和外部影响进行了类似的讨论，这些因素和影响可能涉及确定一个人成年后是同性恋还是异性恋。但在儿童时期，这些因素单独考虑时都无法预测最终的性取向，因为大多数情况都是正常发展产生的变化。这一观点同样适用于儿童对甜品或其他食物的"渴望"，它与成人物质成瘾的含义不同；儿童对化妆的兴趣也是如此，包括变装，它们很少导致成年后的易装癖（Freud, A., 1965a, pp.184-212）。

在安娜·弗洛伊德后期的工作中，重点又一次发生了转移，她不再将性驱力和攻击驱力放在发展的核心位置。例如，1978 年，她提出工作和性关系的成功，过去曾被视为成人正常状态的标志，但除此之外，我们现在认识到其他能力同样是成人的特征：自主、身体控制、精神的和身体的释放途径；向现实原则的转变；客观，而不是自我中心；信号性焦虑的能力；适当的防御机制；同伴关系。但是，只有当这些功能具有障碍的病因学意义时，才能在成人精神分析中探究这些功能的发展（Freud, A., 1978a, pp.100-101）。在这篇文章中，"从婴儿到成人的性生活"这一发展路线成为众多路线中的一个例子，被她用来证明心理成长中诸多因素的相互作用（ibid., p.103）。

1979 年，在旧金山心理分析研究所的一盒录像带中（直到 1981 才以书面形式发表），安娜·弗洛伊德对发展路线理论做出了进一步的明确贡献。在谈到精神分析理论主体中已经广为人知的几条路线时，她列出了趋向成熟性欲、趋向成熟防御方式以及焦虑管理等几条路线。但是她指出，成熟的成年个体还有许多其他特征，这些特征来自趋向继发过程功能、现实感、冲动控制、时间感、对自己内在状态的洞察，"从身体的到精神的释放"以及"从自我中心到客观性"等路线（1981e, 1979b, pp.123-130）。

她现在认为，真正的决定性路线是那些趋向继发过程功能、现实感、客观性和洞察力的路线，也许还有一些路线她没有命名（ibid., pp.130-131）。

然而，重要的是，她认为在"趋向成熟性欲""用言语攻击代替躯体攻击""从身体表达到精神表达""趋向成熟同伴关系"（嫉妒和竞争仍然很普遍）等路线上，如果个体没能达成最终目标，他也可以被看成成人。

换句话说，与其他一些重要的自我功能的发展相比，她似乎把性和驱力控制降低到了一个不那么重要的地位，并且，这些因素的具体状况取决于亲子关系和亲子关系在各个方面的内化（ibid., pp.131-133）。

在这同一场讲座中，根据发展路线开始的生命时期和其中相互作用的力量的不同，她第一次对发展路线进行了粗略的划分；这也是发展路线层次化的开端。如果缺乏早期的一些发展路线，后期的发展路线就无法正常发展。这一描述极其精简，不得不基于她以前的论述来加以理解。未特别提及的发展路线可以据此划分其起始位置。然而，她把关注点集中在那些她认为对成熟的成人功能最重要的路线。

发展时期

1 第一个阶段大约维持最初的一年，在这个阶段，母亲和儿童之间开始互动，儿童发展潜在的本我／自我功能，母亲照顾儿童（这是从依赖到情感独立的开端）。通过这种互动，儿童开始从身体功能向心理功能发展，开始区分自己和母亲的身体，开始区分自我和客体。与母亲依恋关系中的这些早期发展对之后发展路线的成功至关重要（这一时期本身也是一些发展路线的早期阶段，包括了"趋向身体自主""从自我中心到建立友谊""从身体到玩具"和"从玩耍到工作"。这些路线都将持续到后期）。

2 第二个阶段大致是前俄狄浦斯期的剩余阶段，此时，当儿童自身的自我和本我更容易区分时，会出现三股"力量"：儿童的本我、自我以及父母。在这一时期，关于运动和其他躯体功能的路线正在发展，同

样发展的还有关于冲动控制和继发过程功能的路线；客体恒常性应该
在此阶段建立起来，为后续与他人交往能力的发展铺平道路。

3　最后，在俄狄浦斯和后俄狄浦斯阶段，当超我在儿童内心建立时，会
出现相互影响的四股力量：儿童的本我、自我、超我和外在世界。超
我开始接管大部分的道德功能，这在以前由外在世界负责，而在儿童
的心目中，外在世界已逐渐从母亲扩大到父母，再扩大到更大范围的
成人和同龄人。

（ Freud, A., 1981e, 1979b, pp.133-135 ）

安娜·弗洛伊德总结，发展的常态或病态在很大程度上取决于四个
因素：

● 个体生命的先天和经验要素不能偏离平均值和期待值太远；

● 人格中的内在力量以大致相同的速度一同发展成熟，没有早熟或
滞后；

● 外部干预正合时宜，既不太早也不太迟；

● 自我用来达成必要的妥协的机制在年龄上是适当的，既不太原始也不
太复杂。

她建议审查这四个要点，将其作为"儿童分析工作中下一个有意义的
导向"（ ibid., pp.135-136 ）。

在她看来，发展路线的各种成功或失败塑造了人格。与此同时，正
常的发展冲突会导致焦虑状态，以及恐惧症、癔症和强迫症症状。这两

者紧密相连：冲突会阻碍一条或多条路线的进展；冲突的性质和解决方式受到儿童已达到的人格发展水平的影响。因此，尽管发展缺陷和神经症性障碍是两种不同的病态类型，但它们在临床工作中是交织在一起的（Freud, A., 1974c, pp.69-71）。

诸如弟弟妹妹的出生、搬家或生病等事件，它们的致病性程度取决于儿童在各种发展路线中的发展位置。神经症选择[1]部分取决于个体在各种路线中达到的水平，部分是因为发展路线影响了防御的选择。退行依赖于本我-自我的分裂；投射和内投的防御性使用依赖于区分自我和客体的能力；躯体化是身心路线上的阻断和退行导致的；对于那些所有路线的发展都不稳定的个体而言，退行是最主要手段；要想使用强迫性防御，"从身体的到精神的释放"以及"从不负责任到内疚"这两条路线必须发展至最高阶段（ibid., pp.72-74）。

在讨论多元决定和整合功能时，她指出，整合功能极其重要，可以合并每条发展路线的各种决定因素。但是，异常和正常特征都会被自我的这一功能所合并，这可能会不利于发展（Freud, A., 1978a, pp.105-106）。整合是有助于健康的发展还是导致精神病理现象，这取决于天赋、父母的影响以及人格结构化的速度（Freud, A., 1981e, 1979b）。

神经症性障碍和发展障碍都是基于失调；驱力、自我和内在或外在阻碍之间的冲突导致了妥协，但是，神经症性症状开始于个体在更高阶段驱力受挫之后的退行，而发展中的病态症状主要是由发展过程中的不

1　指的是个体形成某类型神经症所经的全部过程。——译者注

平衡导致的。

安娜·弗洛伊德提出了进一步的任务：设计消除发展性伤害的方法，识别发展缺陷并明确指出它与神经症性症状的区别（Freud, A., 1978a, pp.108-109）。当然，这一研究她早已着手进行了。第七章介绍了她在匹配障碍类型与治疗技术方面所做的努力。

在她的一生中，还有另一个重要任务：将对发展的精神分析理解应用于儿童各种形式的照料和教育之中。

精神分析发展观的应用

这些发展观对于帮助儿童的所有专业领域都有价值。它能帮助我们确定儿童是否做好准备，以及是否有能力应对各种生活事件，所以，它可以应用于精神分析之外的许多领域。《儿童期的常态和病态》总结了安娜·弗洛伊德对于如何广泛应用发展观的看法，包括了各种教育、社会心理和法律问题，这些思考在后期工作中得到了进一步扩展。她的一个观点贯穿了整本书，即分析师在询问问题和征求意见时应该小心谨慎，无论是面对父母、其他专业人士还是公众。从维也纳的早期生涯开始，她就相信，对潜意识的理解是精神分析学家对儿童成长和照料工作的重要贡献。她意识到，这些工作的成败取决于对潜意识过程的理解程度，这种理解的局限性会导致失败，但也能带来成功。她还认为，并不是所有儿童问题都可以用精神分析解决。这是她和梅兰妮·克莱因之间的一个主要区别，梅兰妮·克莱因认为所有儿童都可以从预防性分析中获益。安娜·弗洛伊德更喜欢使用精神分析理论来改善现有的抚养、教育、社会化、医疗和法律措施。

　　在职业生涯中，安娜·弗洛伊德始终致力于将精神分析思想应用于儿童抚养和管教的各个方面。除了亲自参与管理她在维也纳、伦敦和埃塞克斯设立的托儿所，以及随后在汉普斯特德诊所开办的托儿所、健康儿童诊所和学步儿小组外，在与其他专业人士的谈话和讨论中，她一直乐于将自己的精神分析思想以通俗易懂的方式表达出来。尽可能广泛地普及儿童精神分析师所知晓的常态和病态发展方面的知识，从而影响到有关儿童照料的措施和政策，这才是她所看重的事情。例如，1946 年，她在约翰·奥尔爵士组织的一次研讨会上发表了一篇与世界粮食计划有关的文章。在这篇文章中，她简明扼要地概述了儿童对食物和其他身体照料的需求，展示了身体上的剥夺对心理发展的影响。但她也强调了满足儿童智力、本能和情感需求的重要性，并警告说，这些方面的不足会导致严重后果（Freud, A., 1946a）。1948 年，她向联合国教科文组织提交了一篇文章，这篇文章总结了涉及好几个主题的精神分析理论，包括社会适应、群体间的冲突和紧张、投射仇恨于陌生人，以及在后来生活中难以转变的敌对和怀疑态度。该文基于她在战时托儿所积累的经验，展示了稳定关系在促进道德发展和社会适应方面的作用，性本能、攻击性和针对两者所采取防御对人类行为的影响，以及矛盾心理的应对问题。她还建议转变教育方法，普及儿童动力心理学知识，并进一步研究影响后来人格发展和情绪发展的几种因素，包括了早期喂养条件、如厕训练方式、儿童攻击性的应对、是否单亲家庭以及与家人分离的情况（Freud, A., 1953b）。

　　她的几篇文章试图阐明其他专业人士在接受新的精神分析观点时所

产生的误解。例如，她剖析了"母亲排斥"这一流行于19世纪50年代的概念，认为虽然所有的发展领域都很重视母子关系，但这并不意味着就能简单地将所有形式的儿童期障碍都归因于"母亲排斥"。她描述了因自身困难或不喜欢儿童行为的某些方面，母亲可能在一定程度上"排斥"儿童的各种方式。她认为，在接受和排斥之间摇摆不定的母亲可能比完全拒绝儿童的母亲更糟糕，因为后者可以让儿童自由地寻找替代性关系。但她特别强调，儿童对"排斥"的经历往往是发展过程中不可避免的一个方面，例如，在俄狄浦斯期不得不接受母亲更爱父亲的现实，以及被弟弟妹妹取代这样的常见生活事件，又或者是儿童对母亲生病或外部不可控事件（例如战时撤离）等不幸状况的误解（Freud, A., 1955）。

　　她在1945年至1965年期间撰写的大部分文章（著作集第4卷和第5卷），以及后续十年相对较少的文章，都关注于精神分析的此类应用。这些文章有些是来自非正式的会谈或讨论，有些是在介绍同事的研究；它们通常包含有启发性的简短案例。这里没有足够的篇幅来涵盖所有内容，但一些例子可以向我们呈现她是如何向其他专业的同事解释发展观的重要性。许多文章最初是写给父母、教师、社会服务专业人士、精神病学家、儿科医生、护士和家庭律师的。多年来，她一直在为儿科医生举办研讨班，在生涯后期，这些人融合成为一个团队，共同撰写了三本有关儿童和法律的书。

　　她在许多文章中提出，儿童服务的过度专业化可能会带来坏处；所有专业人士都需要共同的基础培训，因为身体和心灵、自我和客体、智力和情感、常态和病态的差异在儿童身上发展得很缓慢。因此，与正常儿童工作的人学习一些病态知识是有好处的，反之亦然。那些应对身体疾病的人需要了解个体情绪的一面；教师需要了解情绪如何影响智力的发展，等等（Freud, A., 1966a）。一些专业人士缺乏在其他专业和家庭背景下观察儿童的机会，她对此持反对态度（Freud, A., 1952b）。这就是为什么她要求自己的参训者在各种环境下（包括家庭、学校和医院）观察和帮助正常和异常的婴幼儿。

1953 年的一篇文章以她对俄亥俄州克利夫兰市一年级医学生的一次讲座为基础，讲座内容包含了对婴儿的观察。在这篇文章中，她简单而清晰地解释了要观察什么以及如何对观察资料进行分组。她描述了如何通过婴儿的身体活动来了解其心理活动，这些身体活动揭示了宁静平和与因需求增强而产生的不安、不快乐或痛苦之间的交替状态。后者只有在照顾者的外部帮助下才能得以缓解（Freud, A., 1953a, pp.570-571）。为了培养根据婴儿的哭声信号来判断其需求的能力，观察者必须采取类似于母亲对婴儿情感依恋的方式，而不能只依靠科学客观性（ibid., pp.572-573）。

具备这种能力后，观察者能目睹到"心灵从身体中诞生"（ibid., p.574）。接下来，她描述了将需求与满足感和满足感提供者联系起来的内在表象的发展，婴儿区分内在表象与真实外在客体的能力的提升，以及随之而来婴儿哭泣目的性的增强（ibid, pp.575-576）。她还描述了婴儿对母亲在场和不在场的反应的观察结果，婴儿将母亲身体当作自身身体一部分来玩耍的现象，以及如何了解婴儿对自身身体界限的认知过程。她解释了如何去观察婴儿的感觉、知觉和反应的形成过程，以及如何将婴儿对母亲的依恋逐渐转变为对母亲真正的爱（ibid., pp.577-582）。

在一篇短文中，她强调了父母与儿童的关系和专业人士与儿童更短暂、更表面的关系之间的区别，后者通常出现在关注儿童需求的特定领域中。安娜·弗洛伊德认为，不能指望专业人士会像父母一样爱着孩子。但作为替代者，她建议所有专业人士都需要对儿童发展问题有一种永不满足的好奇心（Freud, A., 1977）。

养育

安娜·弗洛伊德写给父母的文章往往侧重于解释儿童如何发展，揭示看起来难以理解的行为，以及阐明儿童需要父母的何种帮助和指导。这些文章始终在强调稳定的关系对促进儿童健康发展的重要性。一篇1949 年撰写，但直到 1968 年才发表的文章《普通母亲所需的专业知识》简明扼要地描述了育儿工作对母亲的较高要求。

> 母亲……必须干净、整洁、守时、安静和精确，这是婴儿护理所必需的要求；同时，她们必须行动灵活，从而让自己能满足儿童的不同需求，并适应婴儿生活中不可避免的吵闹、混乱和无序。她们必须忍受儿童强加给她们的麻烦而不生气，全身心地投入而不期望立即的回报。她们必须保护儿童远离危险，又不过分妨碍他们对冒险的热爱；并且在不损害儿童日益增强的自主感的同时，保持母亲的权威。她们必须能对儿童的感受做出热情的反应，又能在他们一天层出不穷的紧急状况中保持冷静和客观。如果母亲在抚养儿童时缺乏家庭帮助，光是照顾的时间就占据了一整天，婴儿的喂食与健康护理需要一直持续到晚上，这牺牲了她们自己的睡眠和健康。母亲在任何时候的疏忽都可能导致儿童发生严重意外，危及他的生命。

任何对儿童疾病初期征兆的不小心都可能导致传染病的传播或感染。如果母亲过于专注自己的需要、事业、抱负，甚至婚姻生活，婴儿会感到被忽视、被排斥，并以不安的情绪回应。

……作为对时间、力气、忍耐、投入和自我牺牲的过度要求的回报，对于儿童而言，母亲一度拥有至高无上的、无可置疑的权威地位。

(Freud, A., 1968a, 1949, pp.528-529)

接下来，她讨论了年轻母亲所处的困境，她们被认为"凭本能"就能了解一切，但事实往往并非如此；对于那些缺乏自己母亲的帮助，从一种文化来到另一种文化，又或者试图使用"现代"而不是传统育儿方法的母亲而言，安娜·弗洛伊德描述了她们的困境。她还考虑到了父母在吸收卫生、营养和医学进展方面的新知识时会遇到的问题。她描述了精神分析知识的发展如何使父母对心理发展有更详细的了解（ibid.）。

然而，关于与父母工作的技巧，她写得相对较少。埃尔娜·富尔门是最早接受培训的毕业生之一，她指出，安娜·弗洛伊德对于照料的态度似乎有些矛盾。她提到了安娜·弗洛伊德的格言："儿童精神分析师必须时刻牢记三件事：儿童、母亲和母子关系。"安娜·弗洛伊德支持富尔门后期与婴幼儿母亲的工作，并对此很感兴趣。然而，安娜·弗洛伊德的培训课程中缺乏与父母工作的具体教学。富尔门将这两种情况进行了对比（Furman, 1995）。

我的印象有些不同，作为一名后期接受培训的学员，培训中包含了"父母指导"主题的案例督导。我认为，安娜·弗洛伊德倾向于相信，对于一些功能相对良好的父母而言，通过向他们解释自己孩子的发展需求及其对行为的影响，可以帮助他们改变不恰当的管教方式。这些理解还有助于父母在解决问题时去尝试其他替代性方法。然而，对于那些更为异常的父母而言，他们自身的性格问题根深蒂固，或者对自己孩子的看法严重扭曲，所以无法受到这些指导的影响，他们自身就需要接受精神分析或治疗。

多年来，诊所通过同步精神分析开展了一项研究项目，旨在探究父母和儿童之间的相互影响（Burlingham et al., 1955; Freud, A., 1957-1960, pp.18-19; Hellman et al., 1960; Levy, 1960）。然而，对父母的治疗需要花很长时间才能带来有利于亲子关系的变化。而许多父母自己既不愿意也无法进行治疗。因此，面对一部分父母，分析师能做的最好举措就是防止他们阻碍儿童的治疗和教育。

在后期的一篇文章中，安娜·弗洛伊德描述了影响父母的各种方法。他们可以自己接受治疗，也可以在儿童分析中接受指导，也就是由精神分析师帮助他们理解和应对儿童分析中发生的事情。她认为，残疾儿童的母亲需要特殊的支持和资源才能处理好自身的痛苦和绝望，此外，她们还要具备帮助儿童克服残疾所需的特殊知识。幼儿的治疗可以由母亲来进行：精神分析师会与母亲谈论儿童的困难，以便她能够理解这些困难是如何产生的，应该如何通过改变养育方法来解决这些困难。最后，安娜·弗洛伊德认为，改变公众对育儿的看法是向母亲提供信息和帮助的一种方式，儿童指导诊所在建立"新育儿传统"方面可以发挥作用，以取代衰落的宗教、民族和阶级传统，让母亲们可以不再依赖它们（Freud, A., 1960c, 1957）。

使用剖面图进行诊断性讨论，会决定是否将分析作为治疗儿童的方法。其中，往往会对父母是否可以接受这样的建议，这对他们意味着什么，如何更合适地向他们解释这一建议，是否有可能帮助他们去支持儿童的治疗等问题，开展大量的讨论。与儿童工作之前，精神分析师通常会与父母工作一段时间，看看他们是否可以接受帮助，展开合作。

本质上，安娜·弗洛伊德给予了那些与父母工作的人完全的行动自由，这样一来，对于要帮助谁、如何帮助他们等问题，分析师就有了充分的自主权来尝试不同的理念。正如富尔门所提到的，这样做能够激发安娜·弗洛伊德的兴趣和意愿来讨论其中出现的问题。20世纪90年代初（安娜·弗洛伊德去世后），成立了一个专门探讨如何与父母工作的研究团队。该团队试图为这项工作制定一种"安娜·弗洛伊德中心技术"，但发现它只能表现团队成员工作风格的巨大差异。所有这些研究基于两个源自精神分析发展观的基本假设，具体如下：

（1）父母在促进儿童的发展方面起着核心作用，因此在纠正儿童产生的心理问题方面起着至关重要的作用；（2）当父母在发挥这一作用方面遇到困难时，最好的解决方法是，由一位接受过专业培训的工作人员来帮助他们，通过讨论儿童的情感需求和发展，以及这些父母们自身的经历。

（1995年未发表的报告）

团队成员包括：E. 莫德尔、P. 雷福德、P. 科恩、A. 加弗向、M. 扎菲里乌-伍兹、T.伯哈顿、A.格德尔-特里曼、A.彭宁顿、S.雅布斯利、M.塞内、K.迪恩利、C.埃森海、R.埃奇库姆。

除此之外，这些精神分析知识方面的论述在性质上完全不同，这是父母和专业人士之间个性化互动的产物。这些论述可能只是让治疗师和家长交换孩子的信息，或者专注于提高父母对孩子的理解，促进育儿技能，提升父母的自信和自尊，帮助他们了解代际关系模式。它们可能会对孩子和父母的情绪反应进行言语化和澄清，解释能影响父母对孩子的认知和行为的冲突，以及使用移情和反移情来阐明亲子关系问题。换句话说，所使用的技术包括了一系列指导、教育和治疗方法，但都集中在父母与儿童的关系上。安娜·弗洛伊德本人倾向于认为"父母指导"不应该成为对父母的治疗。但许多接受她培训的人认为，如果父母因自身问题的阻碍，无法使用儿童的需求和发展方面的信息，分析师可以在一定范围内采取以儿童为焦点的解释技巧，使亲子关系免受干扰。

教育

安娜·弗洛伊德许多教育方面的文章都具有普适性，针对的是父母、教师、社会服务机构、儿童指导诊所和所有照料儿童的专业人士。她最早期的一些文章已经在第三章中提到过。她后期的文章继续使用了战时托儿所期间的经验，例如，讨论了幼儿园中教育的实施及风险（Freud, A., 1949e）。

有些文章是专门针对教师的。1960 年给大不列颠幼儿园协会的演讲，1976 年美国教育研究协会的一次研讨会上的演讲，以及 1979 年在维也纳的一次研讨会上的演讲，都使用了一些发展路线的简版来论述儿童进入幼儿园的准备情况，并解释了教师必须应对的一些困难行为（Freud, A.,

1960b.1981d［1976c］, 1981f［1979c］）。

　　1952 年发表的一篇文章来源于哈佛大学教育研究生院的一次非正式谈话和问答环节中学生们所做的笔记。在这篇文章中，安娜·弗洛伊德论述了在儿童的各种需求及问题的应对方面，教师的角色与家长有何不同。她强调了以下事项对教师的重要性：熟悉所有年龄段儿童的发展情况，能够从成人的角度看待问题，避免过度介入某个儿童的成长。她承认，教师在照顾儿童时对儿童产生强烈的感情是很自然的；但他们必须避免与父母形成竞争，同时要意识到，儿童只会与他们待上一段相对较短的时期（Freud, A., 1952a）。

　　1949 年，她发表了一篇关于社会适应不良的文章，详细阐述了儿童在学校中可能出现的各种困难。如果前俄狄浦斯期和俄狄浦斯期的一些情结仍然过于强烈且尚未解决，它们可能会扩展到学校，使学校成为与家庭冲突作斗争的又一处战场。安娜·弗洛伊德强调了不同类型的关系对儿童的重要性，它们能够帮助儿童对成人做出区分，建立新的、不一样的关系，而不是简单地从家庭中转移感受和冲突。

　　然而，并不是所有的异常行为都可以归因于家庭。儿童的一些焦虑、痛苦、攻击性、过度顺从和学习抑制可能是他自身幻想生活的表现，有时这些幻想会被活现，例如在欺凌和被欺凌时；有时儿童会试图遏制它们，更平静地忍受（Freud, A., 1949d）。

　　她将自己的想法运用于实际，提出了一些建议，这些建议教师们早已认同，但由于公共教育系统资金的缺乏而几乎无法实施。由于早年经验对未来的发展非常重要，安娜·弗洛伊德对这样一个现实表示遗憾，即与更大龄儿童的教师相比，低龄儿童的教师受重视程度更低，薪酬更少。同时，中学获得的财政资源也比小学更多。她认为，如果能够提供幼儿园教育，特别是为弱势儿童提供幼儿园教育，许多后来的学校问题都可以得到改善。她还强调，小学班级规模应该小一些，因为在早期，儿童与教师的关系特别重要。她认为想要形成良好的师生关系，20个孩子就是上限（Freud, A., 1964）。

与身体问题儿童工作

前文我已经提到安娜·弗洛伊德同医学生的谈话，关于他们可以通过观察婴儿学习到什么（Freud, A., 1953a），我还介绍了她最初写给儿科医生的有关退行的文章（Freud, A., 1963b）。与其他许多文章一样，这些文章面向的也是更广泛的受众，因为安娜·弗洛伊德反对各专业间的割裂，这种割裂使得人们几乎没有机会在彼此的专业背景之下进行观察。她评论道，父母是唯一能全方位观察儿童功能的人，更适合判断孩子正不正常，健康还是患病。

她撰写了一篇关于身体疾病对儿童精神生活影响的文章，这篇文章面向的同样是广大家长和专业人士，但也特别强调了区分以下现象的重要性：由住院导致的分离焦虑，护理、医疗和手术的影响，可以修正的外在因素，以及源自儿童自身对疾病的心理反应和幻想的内在因素。

她指出，儿童，尤其是年幼的儿童，无法区分疾病造成的痛苦和治疗造成的痛苦。儿童通过照料自身身体来实现自主性，对于正处在这一过程中的儿童而言，相比于成人，由"被照料"导致的自主性丧失可能更令人痛苦。儿童也可能把这种感受与疾病造成的身体虚弱相混淆。强行限制活动会阻碍儿童对活动的需求，特别是在释放攻击性方面，并可能导致易怒、发脾气、抽搐和其他严重的功能抑制等症状。手术和医疗过程经常会引发儿童的阉割幻想和其他被攻击的幻想。安娜·弗洛伊德论述了以下措施的重要性：为儿童提供足够的现实信息，帮助儿童表达感受，以及为儿童提供足够的时间（但不要太长）来做好准备，从而尽量减少可怕的幻想。

她认为，那些敢于承受痛苦的儿童，通常没有被关于痛苦的无意识幻想所支配；而那些容易感到苦恼的儿童，遭受着由幻想产生的焦虑和内疚所带来的剧烈痛苦。儿童应对疾病的方式也有所区别，有的退缩逃避；有的求助于客体，变得格外苛求和依赖。她还论述了儿童生病后的疑病症状，他们将其与失去母亲照顾的感觉关联了起来；他们认同失去的母亲，并接管她的角色，自己照顾自己的身体（Freud, A., 1952b）。

有必要使用特定的方法来应对特定的医疗过程吗？她对此持谨慎态度。她始终强调，儿童对事件的感知和理解受其发展阶段以及当时特定的恐惧和幻想的影响。例如，儿科医生之间存在使用栓剂还是注射的争论，对此，她解释说，对处于肛门期的儿童来说，栓剂可能像是一种攻击，也可能被发现是令人愉快和兴奋的，这些反应都会给儿童以后的发展带来危险；相反，注射的影响似乎不那么明显。但是对于一个处于性器期的儿童来说，注射似乎是一种可怕的攻击，而栓剂则不那么令人惊慌。无论选用哪种治疗方案，如果能花时间进行解释并做出保证，儿童的焦虑和阻抗都可以减少。同样，无论是哪种方案，个体都必须在身体上的危险和紧迫性与心理上的危险之间进行权衡。

在考虑不可爱的儿童、爱哭闹的婴儿、有睡眠障碍和拒绝进食等问题的儿童时，她会讨论个体的先天差异、母亲的早期应对方式（可能会促进或阻碍良好的发展）、由儿童的需求和冲动的变化造成的短暂的发展中断，以及在形成更严重的障碍时可能涉及的心理因素。在她看来，想找到最佳方法来应对身体治疗带来的心理层面影响，还需要更多的研究和实验。理想情况下，她希望医学培训能够从一开始就包含大量的发展心理学内容，而不仅仅是将其作为附加部分。同时，她建议接受过心理培训的工作人员能与接受过医学培训的工作人员开展密切合作（Freud, A., 1961, 1975a）。

儿童与法律

前文曾提到，安娜·弗洛伊德对儿童相关法律感兴趣，这与对儿童违法和反社会倾向的评估有关。在她看来，要做出准确的评估，就需要对儿童的发展状况有所了解。在后续研究中，她直接探讨了监护和安置方面的法律判决问题。

20世纪60年代初，她在耶鲁大学法学院与约瑟夫·戈尔茨坦教授和杰伊·卡茨博士一起研究儿童的安置问题（Freud, A., 1965b）。1966年，在耶鲁大学举行的一次关于儿童寄宿与寄养区别的会议上，她探讨了这些问题，与往常一样，她描述了在解决发展的冲突和问题方面，哪种环境最能满足儿童对稳定性、兴奋、母子关系、关爱和帮助的需求。她在发言结尾提出了疑问，政府部门是否在抚养儿童方面给予了家庭足够多的支持？特别是对于单身母亲。她强调，这是满足儿童持续性需求的最佳途径。同时，得到帮助的家庭能更充分地满足儿童的其他需求，其他教育服务或托儿服务也能满足其中一部分需求（1967a, 1953）。

与耶鲁大学的合作后来发展为同戈尔茨坦教授和阿尔伯特·索尔尼

特教授的合作，后者是耶鲁儿童研究中心的主任。他们合作出版了三本
经典著作（Goldstein et al., 1973, 1979, 1986），最后一本是在她去世之后
完成并出版的。这些书都很出名，在美国的影响力可能比在英国的更大。

第一本著作是《超越儿童的最大利益》（*Beyond the Best Interests of the
Child*），该书对儿童是父母所有物这一观念提出了质疑，相反，它认为
法律必须将儿童视为独立的个体，在收养、离婚后的监护权和其他安置
情况的判决中，必须将儿童的发展需要放在第一位。此外，作者对一些
重要的概念进行了界定。

心理父母：与儿童有持续的、无条件的和长久关系的人，他们抚养
和照顾儿童，与儿童建立了爱和信任，支持儿童的情感、智力和身体
发展。

被需要的儿童：被爱、被需要的儿童，和心理父母之间已经建立了
关系。因此，如果亲生父母不是儿童的照料者，就不应该依赖血缘索求
儿童的归属权；作者告诫那些离婚的父母，不要将对儿童的"需要"看
成与前任配偶斗争的一部分。

他们希望将"儿童最大利益"这一概念替换为"最小危害替代方案"。
这一概念承认，如果儿童必须被收养，或者在离婚时决定其监护权的归
属，那么儿童的自然关系，无论是实际的还是潜在的，都已经发生了严
重的中断。接下来必须优先考虑尽快为儿童建立稳定的关系。这意味着，
临时寄养的时间或寄养父母的更换次数必须减少到最低。他们还强调，
只有成人之间的关系良好，儿童才能维持一种以上的亲密关系。因此，
在离婚的情况下，共同监护权有可能引发儿童的忠诚冲突，所以探视权
需要经过非常慎重的考量和协商。

显而易见，在论述的这些案例中，他们给出的定义和建议不仅包含了精神分析对儿童发展的理解，还包含了伟大的实践经验。

尤其要注意儿童的时间感（见第五章），因此，他们给出建议，必须缩短法律流程的时间，以避免儿童长期处于不确定状态。同样地，他们建议有关儿童安置的判决应该是最终判决，因为一旦儿童被托付给心理父母，如果这种关系的持续存在不确定性，就无法发展得令人满意。在他们看来，法院无法对关系做出长期的预测或监督。因此，一旦做出安置方面的法律判决，法院不应该再更改，应交由心理父母做出后续决策（Freud, A., 1975b; Goldstein et al., 1973）。

在他们的第二本书《在儿童最大利益之前》（*Before the Best Interests of the Child*, 1979）中，戈尔茨坦等人进一步探讨了安置流程，并对法律干预儿童现有关系的理由进行了审查。他们以自主性父母一概念作为出发点，它指的是那些在家庭这一隐私环境中以他们认为最好的方式来抚养孩子的家长。他们倾向于尽量减少国家干预，并再次强调必须以儿童的需求为重心；也就是说，国家干预的目的应该是尽快为儿童建立或重建家庭。这也就意味着，必须确保干预不会使儿童的状况变得更糟，同时牢记孩子需要不间断的关系。

他们还强调了公正警示这一概念，即向父母明确需要法律干预的确切原因，从而避免无正当理由地破坏家庭完整性。他们再次强调了心理家人的重要性，如果儿童和照料者之间建立了长久的、相互的关系，那这个长期照料者可能比亲生父母更为重要，亲生父母对孩子来说几乎就是陌生人。这本书继续讨论了需要国家干预的各种合理原因：父母照料的各种严重失职、忽视和虐待（父母要求国家干预的情况除外，即收养、离异和自愿照料儿童）。

第三本书《儿童最大利益：专业的界限》（ *In the Best Interests of the Child:Professional Boundaries,* 1986）讨论了专业人士在儿童安置决策中所面临的困难，以及各个专业的作用、地位和知识的局限性。这三本书都强调了成人的观点和儿童需求之间的差异。这本书还探讨了个人观点和幻想会如何影响和干扰决策。

总结：发展观的应用

1964年，安娜·弗洛伊德在纽约给一位非专业人士写了一篇短文。关于精神分析在儿童服务中的应用，这篇文章或许是对她思想的最好总结。她简洁地描述了专业人士之间的沟通困难，彼此对其他专业领域了解不足。更重要的是，她指出，那些早在精神分析出现之前就建立的专业，它们最初采用的童年相关假设并没有认识到情感对其他发展领域的影响。因此，学校认为智力的发展可以不考虑儿童的幻想、恐惧和其他情绪。医院在处理身体疾病问题时，没有考虑儿童的恐慌、对家人的忠诚以及对身体伤害的可怕幻想。法院试图保障儿童在信仰、道德和经济层面的安全，但并不考虑儿童的情感需求。在她看来，这并不奇怪，在这些为儿童提供的服务中，很难融入关于儿童情感需求重要性的精神分析思想。

她还总结了正在开展的一些工作，以及在当时（1964）尚待完成的工作。学校已经学会利用儿童天生的好奇心和精力，让任务更像是游戏。但是她指出，一些先进的学校并没有认识到帮助儿童完成"从玩耍到工作"这一发展路线的必要性，也没有帮助儿童忽略眼前快乐，变得更加具有任务导向性。她重点提出：人们没有认识到早期学习的重要性以及它对师生关系的密切依赖，幼儿园名额不足，小学每个班人数过多。

在医学方面，她指出，人们对心身疾病越来越感兴趣，对身体疾病中的心理因素也越来越了解，但仍然很少考虑身体疾病对儿童心理的影响。

在家庭法律中，她认为精神分析正开始为监护权、探视权、收养、寄养安置等方面的决策提供帮助。此外，对于儿童对父母精神障碍的反应、家庭犯罪事件带来的创伤性影响，以及体罚和其他形式的惩罚对社会适应的影响方面，精神分析的发现也能有所裨益。她总结道：

> 儿童最大利益是由促进他顺利走向正常成熟的所有举措来实现的。这依赖于以下三个因素的同时存在：儿童和成人之间感情的自由交流；对儿童天生的内在潜能进行充分的外部激发；持续不断的照料。
>
> （Freud, A., 1964, p.469）

1981年，在芝加哥精神分析研究所成立五十周年之际，她对精神分析思想在其他专业领域中的应用进行了评论，这或许是她生命中的最后一次。当时恰逢她以英语出版《给教师的精神分析导论》（Freud, A., 1930）五十周年，她说如果她要更新这些讲座的话：

> 我将尝试让听众对人性发展过程的所有步骤感兴趣，这些步骤标志着儿童从不成熟走向成熟。
>
> 如果这些［人性发展过程中的步骤］经常被理所当然地视为成长和成熟的结果，那可能是我们早期强调与驱力作斗争所导致的错误。

要纠正［这个错误的说法］，我们现在的任务可能和50年前的任务一样，就是让教育工作者熟悉儿童生活中情感和本能的一面。

（Freud, A., 1983, pp.108-109）

理论沿革概述

安娜·弗洛伊德后期的一些论文向我们呈现的是，做出早期的理论贡献之后，她又向前走了多远。早期关于自我功能的研究（1936）以西格蒙德·弗洛伊德当时新的结构理论为基础。她当时的贡献是阐述了自我的作用，赋予它与驱力同等重要的地位。早期的安娜对自我功能很感兴趣，后来，她对自我如何发展、自我在人格构建中的作用以及生活经验对此有何影响也产生了兴趣。从那以后，她开始研究亲子互动和分离的影响。在这项研究的过程中，她放弃了最初的观点（这也是当时的普遍观点，认为六月龄之前的婴儿在很大程度上处于生物功能时期），转而从出生开始追踪心理功能和客体依恋的出现。她对婴儿早期身心功能很感兴趣，并进一步探讨随着心智能力而非躯体能力的增长，这些功能是如何逐渐分化的。在将驱力、自我和客体关系的相互作用分解为它们的组成部分的过程中，她提出了发展路线这一理论，并在随后的研究中日益丰富。她对西格蒙德·弗洛伊德所描绘的结构的看法是，它们是不断发展和变化的动态系统。剖面图与西格蒙德·弗洛伊德关于结构的最初设想非常接近。但发展路线将这些系统分解成更小的单元，使我们能够看到"人性发展过程"的具体情况，从而既可以理解正常发展的详情，也可以理解病态发展的细节。

第七章
精神病理学与治疗技术

多年来，从事成人和儿童治疗的精神分析学家一直在讨论如何扩大精神分析的范围，以帮助患有非神经症性障碍的人。早期关于技术的讨论往往围绕着一个宽泛的问题，即精神分析是不是一种恰当的治疗形式？只要患者当前冲突能够被分析，它就可以治疗除神经症外任何的心理疾病吗？患者需要足够强大的自我和超我，以控制思考中的冲动和情感，还需要足够良好的客体关系能力，以形成对分析师的移情，通过对这些状况的解释，有助于患者洞察冲突。自我和超我功能弱的患者往往无法控制自己思想中的感受和冲动，而是将它们付诸行动；如果他们形成了移情，那往往是婴儿化的、苛求的，甚至是妄想的。对这类患者进行解释往往无法激发洞察力和更好的控制力，反而可能因为他们糟糕的防御而激发了行动。因此，对于这类患者，通常会推荐自我支持性疗法。这一疗法有助于他们更好地管理自己，但并没有改变更深层次的缺陷。随着对客体关系和自恋的发展的理解不断加深，人们开始尝试治疗由早期亲子关系的不足或恶性方面造成的伤害，即寻找方法来重构和解释这些早期经验，以及它们对于患者对自身和客体期待的影响，对患者内心冲突的影响。

对发展认识的提升和儿童精神分析的研究成果有助于理解边缘性和自恋型障碍的成人，他们发展的一些方面发生了迟滞或扭曲，但并非精神病患者。这些进步对于治疗这类成人的技术也产生了影响，他们和儿童一样，往往缺乏在神经症成人患者身上发现的积极的治愈因素。

安娜·弗洛伊德探索这些领域的方法是利用发展路线，这使分析师能够精确地指出具体的缺陷和扭曲。对于非神经症性障碍适合何种分析这一问题，她自己的解决办法是，除了解释移情和阻抗，还要更仔细地审查分析师做了什么，患者充分利用了什么。情感的言语化和思维的澄清在任何分析中都具有一定的作用，同样地，精神分析师作为患者生命中的新客体，他以新的方式对待患者及其问题，也就提供了一种新的认同模式。无论精神分析师是否有意如此，这种情况都会发生。具有良好自我和超我功能的神经症患者相对容易理解并利用解释来产生新的适应和妥协，不需要额外技术的帮助。但发展缺陷患者很需要这些额外技术，有必要通过言语化、澄清和解释等方式进行阐明，为患者构建洞察力。这些技术有助于弥补缺失的经验，并推动发展受阻领域的重新发展。

安娜·弗洛伊德最终得出了这样一个结论：不要区分精神分析性治疗和非精神分析性治疗，而是要区分分析的根本任务：对阻抗和移情的解释，以及被归类为发展性帮助的一些辅助技术。缺陷性疾病在解释之前和解释过程中需要更多的发展性帮助。

这些问题是安娜·弗洛伊德后期思想的主要焦点。她研究精神分析的发展性帮助对发展缺陷和扭曲儿童的作用，以及将其与解释性治疗相结合的方式，这与她一直关注儿童的症状学和精神病理学问题，以及它们对技术的影响有关。

发展障碍

在《儿童期的常态和病态》一书中，安娜·弗洛伊德对发展精神病理学进行了总结。除了更明显的神经症性和精神病性状态外，儿童还会产生一系列前神经症性和非冲突性障碍，包括进食和睡眠的非器质性障碍，以及在获得运动控制、言语、如厕训练和学习等重要功能上的过度迟滞；自恋和客体关系方面的原发障碍，对破坏性倾向（指向自己或他人）的控制缺乏，以及各种其他发展缺陷。安娜·弗洛伊德认为，其中一些表现可能被证明是神经症性冲突的前期阶段，但其他表现最好归类为发展障碍（Freud, A., 1965a, pp.148-154）。她的总结是一个简洁而全面的指南，可以帮助我们做出以下鉴别：何种情况下儿童可能会跨越困难茁壮成长，何种情况下儿童更可能产生长期障碍。

外部压力引起的发展障碍

有些障碍是由外部压力引起的，例如，婴儿自然的睡眠和进食规律与环境要求不一致；因为没有认识到他需要陪伴而让他单独待得太久；过早开始如厕训练。这些婴儿随后会出现入睡困难、拒绝进食、过度哭闹等问题。如果及早发现，可以通过改变应对方式来解决或减少这些问题。如果没能及早发现，他们就会随时准备着遭受挫折和不快乐；或者通过对母亲处理方式的认同，他们可能对自己的需求和欲望产生敌对态度，从而为内部冲突的爆发埋下导火索（ibid., pp.155-157）。

内部压力引发的发展障碍

还有一些障碍源于内部压力，后者是成熟和发展过程中不可避免的一部分，而这些障碍可能在外部压力的影响下加剧。其中包括了学步儿童的入睡困难，这反映了他不断发展的客体关系和对周围世界所发生的事情的卷入程度。他可能会变得不愿意放弃这些有趣的事情，担心退行到入睡所需的一种自恋状态，因此会呼唤母亲、喝水、要求开门或开灯。儿童有自己的方式来促进入睡过程：自我安慰（如吮吸拇指、摇摆、自慰等）、拥抱毛绒玩具或过渡性客体。如果父母干扰这些活动，可能会导致外部诱发的睡眠障碍。但是，如果一个大龄儿童正在努力放弃自慰或者放弃拥抱玩具，那么他可能会产生由内部引起的障碍。潜伏期儿童经常使用强迫性阅读、计数或思考来应对他们的困难（ibid., pp.157-159）。

进食障碍的发展

在"趋向自主进食"的发展路线中，每个阶段都存在进食障碍。母乳喂养最早的困难可能是身体上（吸吮困难、乳汁不通畅等）和心理上（母亲的焦虑或矛盾情绪，以及婴儿对母亲感受的反应）的混合。随着辅食的加入，儿童开始可能会抗拒，这通常可以通过体贴的逐步断奶来解决；但如果没有这样做，可能会导致儿童讨厌新食物，缺乏冒险精神，以及更常见的缺少口腔快感，又或者是变得贪婪和害怕饥饿。后来与食物有关的斗争，包括餐桌礼仪和饮食风尚，体现了儿童与母亲这一食物提供者之间的矛盾关系。但是，一些对特定形状、颜色和气味的回避可能纯粹源自针对肛门的内在冲突；拒绝吃肉可能是对食人幻想的一种防御；还有一些拒绝可能表达了对口腔受孕幻想的恐惧。如果没有采取任何举措解决这些阶段性的困难，它们将在适当的时候自行消失，但是，它们可能为成人的饮食习惯奠定了基础（ibid., pp.159-161; Freud, A., 1947b）。

与驱力阶段有关的行为障碍

　　学步儿童表现出许多由肛门施虐冲动引起的行为障碍，如破坏性、邋遢、躁动、黏人、哭闹或耍脾气，这些行为可能会占据着超出控制的比例，但是发展让儿童能够习得其他更可控的表达方式，尤其是言语表达。随着儿童的发展，这些行为通常会消失（Freud, 1965a, pp.161-162）。

　　肛门期过后，那些仍在努力克服肛门冲动和幻想的儿童，可能会经历短暂的强迫症状时期。随着发展在下一阶段得到巩固，这些都因成长而消失，除非出于某种原因，儿童形成了一种使他容易退行的固着（ibid., pp.162-163）。

　　性器（俄狄浦斯）期的正常冲突会引起阉割恐惧，这种恐惧可能表现为对轻微伤、手术、注射等的恐惧，并可能导致男性气质的过度补偿，或者转向消极被动、恐惧死亡或功能抑制。正常情况下，随着进入潜伏期，这些症状会消失（ibid., p.163）。

　　潜伏期过后，前青春期的孩子可能会对新的驱力压力做出反应，暂时退行到口腔期或肛门期的特征和症状，并且可能丧失亲社会、升华和理性等功能。显然，他们可能会出现违法倾向。在青春期，对应出现的生殖期驱力趋势压制了前生殖器期的退行。但与年龄相符的对内部世界的重建（包括客体关系和超我），会产生更深层次的暂时性症状，有时可能是接近精神病性、边缘性或反社会的（ibid., pp.163-164）。

　　当儿童完成阶段任务并进入下一阶段时，所有发展性症状都有望消失。如果没能完成，儿童将面临长期的困难，最终可能造成更严重和长久的障碍（ibid., pp.157-164）。作为汉普斯特德诊所多年的研究主任，H.纳格拉博士与安娜·弗洛伊德共同研究发展障碍并撰写了一本书。在书中，他对以下几个概念进行了区分：发展干扰，是不合理或不适龄的外部要求造成的；发展冲突，每个儿童都会经历，是达到一定发展和成熟水平或者必须应对合理外部需求的必然结果；神经症性冲突，表明内在的超我前身的运行与驱力要求相反；婴儿神经症，是那些结构化发展已变得自主和稳定的儿童系统的内在精神病理现象（Nagera, 1966）。

症状学综述

在一篇关于儿童期症状学的重要论文中，通过从发展视角而非现象视角的审视，以及对潜在障碍的鉴别，安娜·弗洛伊德重新恢复了对症状和其他障碍迹象的意义评估。她认为，当时，儿童分析师已经对表层和深层之间的关系有了足够的理解，能够区分明显相似的表现背后不同的含义。她基于深度的元心理学论述了七类症状，并指出了这些症状可能产生的后果（Freud, A., 1970）。

1　**身体和心理过程之间未分化**：婴儿期正常的身–心统一在发展过程中逐渐转变为分化，因此，对情感体验的身体反应在童年早期是正常的，但随着更多的心理表达方式的建立，身体表达的频率逐渐降低。如果身心连接比往常更为紧密，则可能导致心身疾病，如哮喘、湿疹、溃疡性结肠炎和偏头痛。个体对身体发泄渠道的偏好，可能会让他在今后的生活中特别难以承受某方面的压力，也可能促成癔症形成过程中相应的身体症状。癔症是一种更复杂的神经症，具有象征意义。

2　**本我–自我妥协**包括常见的癔症、强迫症和恐惧性神经症，这些症状只会出现在结构化已经达到一定程度的人格中。

3 **本我对自我的侵入**表明自我和本我之间的界限发展得不够充分或者过于脆弱。初级过程功能的侵入会导致思维和语言的紊乱、妄想等。驱力的侵入会导致无防御的活现，以一些类型的违法和犯罪行为为典型特征。

4 **力比多经济论的变化**指的是由力比多投注偏离正常的发展路线而产生的各种形式的自恋障碍。因此，力比多从精神到身体的转移可能导致疑病症。自我对客体撤回力比多会导致自我中心或者自我高估，发展到极端就是自大狂。自恋力比多向客体的转移可能导致情感上的屈从和对客体的高估。自恋力比多的减少可能导致忽视身体、自我贬低、抑郁或人格解体。

5 **攻击性的性质或方向的变化**通常是由所使用的防御的变化导致的，这可能导致攻击性从客体转向自我，再回到客体；或者从心理转向身体，再转回心理。可能产生的症状包括抑制、学习失败和自残。

6 **无防御退行**发生在这样一群儿童中，他们正在避免性器（俄狄浦斯）期的冲突，但不会继续发展出与其退行表现有关的常见的神经症性冲突，即退行成为自我和谐的，临床表现为婴儿化，伴有哭闹、黏人、无能、依赖等。

7 出生前或出生后的**器质性原因**可能会导致发展中一系列里程碑事件的迟滞，以及运动、言语、一般智力功能、注意力和情绪管理等方面的困难。这些症状往往会与抑制、其他神经症相混淆。除了由残疾导致的直接困难，通常还有由某些功能的缺失或缺陷而导致的发展不平衡引起的间接困难。

这七类症状都属于精神病理学中易识别的临床表现。另外一些障碍的迹象，以及需要将儿童送诊以寻求帮助的状况，则并不总是具备明显的病态症状，但确实意味着正常的发展过程受到干扰。安娜·弗洛伊德根据它们的外在表现进行了分类，然后探究了背后可能的含义。

1　**恐惧和焦虑**是最为普遍的；安娜·弗洛伊德认为，其中一些形式从发展上看是正常的，而另一些形式则属于临床典型症状。为了理解它们对于儿童个体的特殊意义，必须从发展的、动力的、经济论的和结构的角度来看待它们。

　　从发展的角度来看，这一系列表现始于婴儿早期对噪声、黑暗和孤身一人的原始恐惧；如果儿童没有获得这个年龄所需的舒适和安慰，或者自我发展缓慢，以至于他没有发展出控制这些恐惧的现实定向，那么这些恐惧可能会持续下去。

　　其次是分离焦虑，即仍处于与母亲一体化阶段的婴儿害怕失去客体；这可能表现为对消失、饥饿、无助等的恐惧，并且这种恐惧可能因实际的分离或不可信赖的母亲而持续下去。

　　伴随着分离，代表着控制驱力这一要求的客体开始内化，人格的个性化和结构化随之开始。对于被排斥或失去客体爱的恐惧接踵而至；这种焦虑是道德发展的开始，具体表现为对惩罚、遗弃、自然灾害或死亡的恐惧。它标志着内部冲突的重要性日益增加，内部冲突的缺失意味着发展的失败。如果父母的要求过于严苛，或者内部冲突因为某种原因特别难解决，恐惧心理可能会加重。

　　儿童身上冲突性力量的内在动力作用变得越来越重要。在性器期，阉割焦虑表现为对手术、医生及牙医、强盗、女巫、幽灵等的恐惧，并且可能因俄狄浦斯冲突而加剧。

当儿童加入更大范围的同龄人群体时，由于对同龄人观点的依附，社会性羞耻成为一种新的恐惧。

一旦儿童的超我被完全内化，即行为不再依赖于父母的认可，焦虑就会转变成内疚。

某个儿童身上占主导地位的焦虑种类可以为我们提供线索，告诉我们障碍源自哪个发展阶段。但是安娜·弗洛伊德警告说，象征性恐惧可以相互交替，因此与具体的焦虑水平并不完全相关。

还有一种形式的焦虑，即对本我的恐惧，这种焦虑贯穿一生，反映了自我对自身完整性的关注和对被淹没的恐惧。每当环境导致驱力力量相对增强或自我相对虚弱时，即当力量在经济论上的平衡受到干扰时，这种情况就会出现。

这些形式的焦虑的持续状况取决于儿童能够使用的防御类型，例如，否认、投射、反向形成都会产生不同形式的适应。如果儿童不能发展出足够的防御能力，他可能仍然容易出现惊恐状态和焦虑发作。所使用的防御类型或防御的缺失，都会影响之后的适应形式和性格形成。

2 **发展的迟滞或失败**可能出现在发展的任何重要领域：驱力、自我和超我功能以及客体关系，它们可能是由器质性损伤、先天缺陷、环境照料和刺激不充分、内在冲突、父母的人格缺陷或者创伤经历导致的。有必要将这种失败和迟滞、抑制、退行区分开来，后者是获得发展成果后又再次失去。这就需要对所有相关因素进行仔细的诊断性检查。

3 **学业失败或学习障碍**也必须仔细进行区分，因为看来相同的障碍可能源于完全不同的原因：发展受阻，无防御的自我退行，将特定学科或整个学习过程象征性地等同于性观念或攻击性观念，防御性抑制或自我约束，或者是对自我功能有破坏性影响的症状形成。

4 **社会适应失败**可能是负面环境条件所带来的必然结果；可能是源于发展迟滞或神经症性退行引起的自我缺陷；可能是由本我和自我之间的不平衡所导致；可能是由各种原因引起的超我缺陷所引发；也可能是源于异常的认同模板所导致的错误的自我理想。

5 无器质性原因的**身体疼痛**是缺课和看医生的常见原因。它们可以追溯到前面给出的三种元心理学症状类别：如果它们是心理不适的直接身体表现，归为第 1 类（心身症）；如果它们象征着心理冲突，归为第 2 类（癔症）；如果它们是由力比多投注的变化引起的，归为第 4 类（疑病症）。

在这篇文章的结尾，安娜·弗洛伊德强调了将治疗与障碍的深层原因相匹配的重要性。现实生活中存在这样的问题，提供什么样的治疗往往取决于某个部门或诊所的资源，而不是儿童障碍的性质——安娜·弗洛伊德对此极为反感。她列举了大量不匹配的例子，例如，当孩子们需要一对一的关系时，可能被安排接受寄宿照料；或者，在不具备能力与成人形成必要的依恋关系时，却被他人收养。他们可能在需要指导时却进行了精神分析，或者在需要分析内部冲突时却得到教育性帮助。如果儿童的焦虑源自内心：阉割恐惧、内疚或对本我力量的恐惧，安慰并不会起到作用；这些问题都需要进行精神分析。但是，精神分析并不能帮助非常年幼的儿童应对分离焦虑（Freud, A., 1970）。

治疗技术

在安娜·弗洛伊德最后几年的工作中，将治疗方式与儿童个体的需要和能力相匹配成为她一个重要的关注点。

安娜·弗洛伊德后期关于儿童分析技术的两个主要说明可以在《儿童期的常态和病态》和1980年出版的一本书（Sandler et al., 1980）中找到。后者是基于索引研究团队与安娜·弗洛伊德的讨论撰写的。这后一本书，在用于索引案例的主题下面，包含了团队讨论的摘要，还有许多安娜·弗洛伊德的回答逐字稿。这有助于阐明技术的详情以及它们所基于的理论知识。1970-1971年，安娜·弗洛伊德参与了另外一系列的讨论。当时是一名大四学生的阿娃·彭曼主持了一个临床研究团队，该团队对许多病例进行了详细的讨论。在一篇未发表的论文中，彭曼总结了安娜·弗洛伊德的一些评论，涉及将技术的选择与儿童障碍的具体方面相联系（Penman, 1995）。在安娜·弗洛伊德自己的著作和后期的一些关键性文章中，她对自己的观点做出了最全面的概述，并设置了其中的总体框架。后期的安娜·弗洛伊德探索了发展精神病理学，并尝试将治疗技术与障碍类型相匹配。

治疗原则和治愈倾向

在《儿童期的常态和病态》一书中，她回顾了当时对精神病理学和技术的所有思考。她的基本思想（见第四章）变化相对较小，但经过了提炼和详细阐述。她列出了成人和儿童分析应该遵守的治疗原则，并将其与天然的治愈倾向区分开来。后者在儿童和成人身上表现有所不同（Freud, A., 1965a, pp.25-28）。

　　通过将比布里（1954）的论述应用到儿童精神分析领域，她为精神分析师们列出了四项治疗原则：

1　勿使用权威，因而尽可能地勿将建议作为治疗的一部分；
2　勿将发泄作为治疗工具；
3　尽量减少对患者的控制（管理）。即，仅当存在明显有害或潜在创伤性（诱惑性）影响时才干预儿童的生活状况；
4　要考虑对阻抗和移情的分析，以及对潜意识材料的解释，将它们作为正当的治疗工具。

（ibid., p.26）

　　基于比布里（1937）关于成人治愈倾向的另一篇文章，她对成人和儿童神经症患者进行了比较。成人神经症患者努力达到正常状态，即性关系的愉悦和工作的成功；但儿童可能会将好转视为必须放弃直接的快乐和间接的收获，并不得不适应令人反感的现实。成人重复情感体验的倾向对移情的产生很重要，这是一种分析的核心工具；而儿童对新体验和新客体的渴望会阻碍移情。成人往往会吸收和整合新经验，这有助于对材料的分析；一定年龄的儿童依然倾向于使用拒绝、投射、隔离和分裂等机制，它们会阻碍经验的融合。对于成人而言，获得驱力满足感的冲动有助于生成分析材料；但在儿童身上，这种欲望过于强烈，从而导致活现的发生，这会阻碍而不是促进分析的进行。与成人相比，儿童有优势的领域在于他们对完成发展的渴望，这种渴望在不成熟的个体身上极为强烈，随着成长而逐步减弱。儿童的人格比成人的更不稳定，因此与成人相比，精神分析释放的能量更容易流入新的途径。对于成人而言，能量则会被持续不断地吸引到旧的症状之中。进入下一个阶段时，儿童在前一阶段出现的症状往往会消失（ibid., pp.26-28）。

驱力和早期客体关系在发展精神病理学中的不同作用

安娜·弗洛伊德认为，理解儿童自出生开始的经历在精神病理学中的作用很重要。但她认为我们应该对以下二者做出区分，一个是父母在支持、阻碍或扭曲儿童发展中的作用，一个是痛苦和快乐、满足感和挫折感等更直接的经验对自我发展的影响。在她看来，如果没有恰当的经验来形成"快感自我"的核心，儿童就缺乏发展更现实定向的自我的基础。如果需求没有得到满足，儿童就缺乏发展客体依恋以及更一般的客体关系能力的基础。

她似乎在西格蒙德·弗洛伊德的"可终止与不可终止的分析"（Freud, S., 1937）一文中找到了方向，超越了对内心冲突的分析，"进入了关于先天禀赋和环境影响之间相互作用的更晦暗领域。其隐含目的是消除或抵消人格发展基本规律所依据的因素的影响"（Freud, A., 1969c）。她怀疑那些早期状态是否能够进入移情。当时的研究表明，许多人格特征是后天习得的。而在此之前，人格特征被认为是遗传的。然而，她并不认为这一结论意味着后天习得的特征必然是可扭转的。

1970 年，她在一篇关于婴儿神经症的文章（Freud, A., 1971b, 1970b）

中进一步阐述了自己的观点，两年后又撰写了另一篇更详细的版本《精神分析儿童心理学的扩展范围》，该文直到1981年才得以发表（Freud, A., 1981b, 1972）。在这些文章中，她阐述了早期客体关系和驱力冲突对精神病理的不同影响。

在早期的文章中，她指出，我们正在绘制一张详细的婴儿心理困难地图，这些困难自出生起就会干扰心理上的成长和发展。早期的身 - 心反应、婴儿的潜能与母亲的管教之间的相互作用，以及婴儿对母亲的情绪、焦虑、偏好和回避的反应，这些都会影响人格的发展。对早期身体需求的满足为客体依恋和一般的客体关系能力开辟了道路。快乐／不快乐和挫折感／满足感等经验的不平衡可能阻碍自我构建，导致自我扭曲。

然而，她认为早期的母子关系并不是产生病态的直接原因；它直接影响人格发展，并可能通过人格发展对病态产生间接影响。对客体基本信任的发展对于自恋和客体爱之间的平衡很重要。她认为，本能对病态的影响与客体关系不同：它们导致口唇期和肛门期固着，为退行和神经症性妥协形成奠定了基础。在这一新背景下，婴儿神经症是向着复杂反应模式积极发展的标志，那些发展失败者无法达到这一状态，失败可能导致边缘性或更严重的疾病。此时的治疗目标已经超越了对冲突的解决，而是处理基本的错误、失败、缺陷和剥夺。她看到了两种治疗任务之间的明显差异（Freud, A., 1971b, 1970b）。

在彭曼团队的案例讨论中，安娜·弗洛伊德曾多次强调，用来解决发展缺陷的技术正在试图影响基础人格发展的方方面面。因为人格因素会导致精神病理现象，所以这一技术会对精神病理现象产生间接影响。她强调了这种方法与对精神病理现象进行直接解释之间的区别。

彭曼帮助了许多功能失调家庭的儿童，她描述了其中一位的治疗经历。"艾丽斯"是一个孤单可怜的 4 岁儿童，她在幼儿园里四处游荡，寻找可以坐的地方，但她无法建立人际关系，无法采取任何主动行动，也无法参加集体活动。她的精神活动似乎很少，也无法集中。她似乎总是处于一种渴望的状态，但又不知道想要的是什么，也不知道如何得到和维持它。起初，彭曼能做的就是告诉艾丽斯她在做什么，开始画画或者玩问答游戏，让艾丽斯知道她正在做的事情可以进行清晰的描述。她还用语言表达了艾丽斯可能的感受，特别是关于渴望的感受。起初，彭曼帮助艾丽斯得到了她想要的。只有当彭曼认为挫折感有助于加深理解时，她才会限制艾丽斯的肤浅活动，并用言语表达了这可能给艾丽斯带来的感受。渐渐地，艾丽斯开始能够用语言表达她的愤怒、厌恶和对失去爱的恐惧。与此同时，她变得更有条理、更专注，冲突也出现了，但这些冲突可以用语言表达并最终得到解释。

安娜·弗洛伊德评论说，艾丽斯并没有得到母亲的帮助，她母亲自己存在抑郁的问题，可以将她拥入怀中，给她提供原始的安慰，但无法以支持自我发展的方式为艾丽斯解决问题。艾丽斯无法完成从接受身体护理到形成自身心理功能的转变。在这种情况下，彭曼必须首先解决导致儿童病态的基本人格缺陷，然后冲突才能出现，并以对艾丽斯有意义的方式进行解释（Penman, 1995）。

1972 年，安娜·弗洛伊德在文章中指出，精神分析技术可以纠正内在冲突中错误的自我决定。但是，如果影响自我发展的条件和塑造人格的母子互动发生问题，精神分析技术就无法发挥同样的作用。她认为，过去无法挽回，但我们可以帮助自我接受过去经历的残余（Freud, A.,

1981b, 1972）。

洞察力与治疗联盟

1965 年，安娜·弗洛伊德重申了她的观点，即开始精神分析的儿童如果缺乏对其异常情况的洞察力，那他就不希望接受治疗，也不容易建立治疗联盟（Freud, A., 1965a, pp.28-29）。随后她同意汉西·肯尼迪的观点，后者在论文中指出，对于前潜伏期的儿童来说，他们的自我功能还不足以进行自我观察和评价内心世界，期望他们有洞察力是不切实际的。他们想要摆脱痛苦，而不是理解痛苦。在正常的发展中，只有年龄和成熟度的提升才有助于洞察力的展现，从而让使用更接近经典精神分析的技术成为可能，并且几乎不需要针对儿童精神分析进行技术修改。肯尼迪提出，精神分析过程可能有助于幼儿提早发展出洞察力，她为此制定了一条发展路线（见第六章；Freud, A., 1979a, 1981a; Kennedy, 1979）。

索引中的论述给出了治疗联盟的两个定义：在广义上，指的是在患者有阻抗和敌意转移的情况下，所有能让患者接受治疗的因素；在狭义上，指的是患者对疾病和采取应对措施的必要性的意识，以及对直面内心冲突的痛苦的忍耐力。安娜·弗洛伊德评论说，最成熟的动机是希望得到帮助来解决内在困难。积极移情最初可能有助于结盟，但如果移情太强烈，就可能出现以下风险：儿童希望将对精神分析师的爱付诸行动；随着转变到消极移情，合作关系可能会破裂。她强调，在儿童与精神分析师的关系中，孩子也会将分析师作为一个新的、有不同认知的客体。在一个青春期男孩的个案中，尽管没有形成治疗联盟，但他的情况有所好转，安娜·弗洛伊德对此评论说，通过对其攻击性和抑制的分析，他的男性特质有所改善，但他强烈的移情感对分析工作并没有帮助。他只能被动地接受分析，被拖拽着前进，这可能是基于受虐癖或同性恋因素。这种情况只是依从，而非治疗联盟（Sandler et al., 1980, pp.45-56）。

　　奥德丽·加弗向描述了这样一个男孩，他之所以能够建立治疗联盟，是因为他渴望理解和被理解。从婴儿期起，"马丁"在许多方面发展迟滞，可能是因为他有着器质性的问题，他还患有间歇性听力损失和言语迟滞。他的智商高于平均水平，但当他在7岁开始接受治疗时，仍然口齿不清，他讲话常常让人难以听懂，并且无法讲述完整的事件。当加弗向不能理解他时，他很沮丧，如果她让他把自己没听懂的话重复一遍，他会感到被羞辱。加弗向意识到他自恋的脆弱性以及对不被理解的羞耻感。他身体也很僵硬。在一个需要灵感的活动中，加弗向向他展示了关于教堂、尖塔和里面的人的手指游戏。通过这个手指游戏，他们表演了动作和故事。他喜欢这些游戏，对他而言用手指说话显然比用语言说话更安全，这或许让他回忆起前语言期的时光，那时他感觉更惬意。最终，在精神分析师用手指表演了一段一个男孩因为跑得没有他哥哥快而哭的故事后，他设法用语言表达："告诉我他为什么哭。"这让精神分析师开始能够解释他对失败的恐惧，对因为无法理解和被理解而被嘲笑的害怕，以及对永远也赶不上聪明的哥哥的绝望。他给加弗向夫人起了一个绰号，称她为"不会生气的女王"。他教她慢慢和他说话，并使用简短的句子，例如，对一个解释这样回应："现在可以再说一遍，但不要说太多。"这种对理解的需要让他度过了精神分析中痛苦和困难的时光（Gavshon, 1987）。

行动化

安娜·弗洛伊德仍然将自由联想的缺乏视为主要困难，因为没有自由联想，无论孩子们说多少话，玩多少游戏，"都缺乏从表面内容挖掘深层内容的可靠途径"。儿童倾向于行动而非自由交谈，这迫使精神分析师对其行为进行限制（即"管理"儿童），而谈话则不需要限制。自由联想倾向于解放性幻想，但行动倾向于解放攻击性，这增加了管理问题，并使得对分析材料内容的分析失之偏颇（Freud, A., 1965a, pp.29-31）。

在 1968 年的一篇关于行动化的文章中，她讨论了这一概念的历史，并指出随着精神分析的兴趣向婴儿期转移，许多精神分析材料现在属于前思考水平，从未进入自我结构，也无法被记住，只能在移情中通过行为或态度重新体验。因此，精神分析师如今对行动化的接受度更高，尤其是儿童分析师。儿童越小，记忆、重新体验、重复和行动化之间的区别就越模糊。安娜·弗洛伊德发现，维持这些区别很重要。她描述了儿童精神分析师的目标，即促进儿童从动作和幻想表达发展至言语化和继发过程思维（Freud, A., 1968b）。

定向外部世界和组织内部情绪状态，对这两种能力的掌控是自我的正常发展任务。将感想融入思维和言语是实现这一目标的过程中的一部分。同成人相比，幼儿或发育迟滞的大龄儿童带来了更多的分析材料，这些材料从未被个体意识到，因为它们还没有被组织进继发思维过程。这种无组织的原发过程材料无法被记住，只能在移情中重新体验。因此，尽管言语化有助于对所有年龄段患者的解释，但对于儿童来说，它也起着其他重要作用，包括促进现实检验能力，控制内心的感受与冲动。儿童分析师必须花费相对更多的时间来用言语表达儿童内心的挣扎和对外部世界的感知，这样才能使得对潜意识冲突和焦虑的解释对儿童而言具有意义（Freud, A., 1965a, pp.31-33）。

以"迈克尔"为例，特莎·伯哈顿描述了这种类型的工作。迈克尔7岁，由校长送诊过来，校长形容他是"学校里最蠢的男孩"。他没有朋友，一直动来动去，感到焦虑和兴奋，横冲直撞，毛手毛脚。他无法在测验中使用思维、语言或游戏，缺乏自我功能，包括现实检验和因果关系的理解。治疗显示他的思维、关联和解释等心理过程受到抑制。他无法为自身的感受和行为赋予意义，这让他的内心世界一片混乱。这种发展失败似乎源自他与母亲之间令人困惑的关系，母亲对他的态度既亲密又矛盾，既喜爱又愤怒。他的困惑可能还包括了他无法应对与母亲的分离。在2岁时，即在他弟弟刚刚出生后，他曾被带到国外探望他父亲的家人，这持续了三个星期。

伯哈顿发现，当她试图解释迈克尔的焦虑和愤怒时，迈克尔感觉受到了攻击，这使得他焦躁不安的行为升级为对治疗师的攻击。她意识到，他缺乏思考这一心理功能，对于自身的想法和他所认为的精神分析师的想法，他感到困惑和恐惧。因此，伯哈顿采用了一种技术，通过仔细解释自己的证据来呈现他可能的感受和他可能认为她在想什么。例如，他不再想玩砖头，这让伯哈顿认为他可能感到不安，并且他可能会认为，当砖头掉下来时伯哈顿会认为他是个傻孩子。

当他能够感觉到更多的包容和理解时，迈克尔开始使用玩具来进行象征性游戏，并希望了解精神分析师的想法，认同她对他的看法。她追踪了他对她感情的变化，并逐渐开始分析这些感情产生的可能原因，即因果关系。他的心智能力和自我意识逐渐改善，有些时候，这些进步使得他能够利用更具解释性的分析风格来解决内心的困惑和移情中的冲突（Baradon, 1998）。

阻抗和简单的不愿意

关于阻抗，安娜·弗洛伊德强调，除了对分析过程的真正阻抗之外，一些儿童还有一种更简单的不愿意接受治疗的心理，因为他们并非自己选择了这种治疗。这样的儿童并不觉得被分析规则所约束，也不准备为了长远利益而忍受当下治疗的不适；外化倾向导致他们更喜欢环境层面的解决措施，而非内在的变化。在一份精神分析材料中，通常存在着简单的不愿意和阻抗的混合：一旦儿童处于阻抗状态，就可能随时准备停止治疗。一些阻抗反映了儿童在控制冲动和感受方面缺乏安全感，因此分析似乎会威胁到他的防御；从年龄上看，儿童比成人更容易使用原始的防御；超越过去的渴望使得儿童不愿意在移情中回想过去，特别是在进入潜伏期和青春期时。总的来说，结果就是分析师不得不在没有治疗联盟的情况下进行长期的精神分析（Freud, A., 1965a, pp.33-36）。

安妮·赫里举了一个例子，"保罗"是一个 11 岁大的男孩，他非常不愿意接受治疗。在这种不愿意背后，既有对被强迫接受治疗的反对，又有害怕理解自身内心世界的阻抗。之前的几次治疗尝试都失败了。他的父母想让他坚持接受精神分析，因为他的症状实在令人担忧：残疾恐惧症、污染恐惧、噩梦、拒食、邋遢、苛求、虐待和侮辱行为，以及对妹妹的极度仇恨——这一点尤其明显。在大多数时候，他表现出施虐性，贬低、嘲笑和侮辱他的分析师，试图迫使她拒绝他。但是赫里有毅力和技巧来理解这种行为背后的防御性，让分析得以继续。他特别害怕爱带来的危害，并对自己的坏深信不疑，他希望他的精神分析师能发现他身上的"可怕"和"没有人性"。在维持对他的承诺的同时，赫里不得不忍受他迸发出的敌意和攻击性。她指出，安娜·弗洛伊德（1949a）认为病态的攻击性与力比多发展的缺陷有关，所以攻击性无法与力比多融合并被其控制。保罗所缺少的正是一种爱的关系，一部分原因是他害怕面对爱和失去带来的危险。这使得任何一份积极移情的建立都令他恐惧。赫里不得不成为一个不会拒绝保罗的客体，但她对他的攻击性和破坏性行为设置了严格的限制。她还必须非常诚实地评价他的行为，因为保罗对其客体身上的虚伪非常敏感。赫里指出，除非保罗能有那么一点点希望他不会被拒绝，否则解释是没有作用的（Hurry, 1998, pp.100-123）。保罗的非常不愿意接受治疗与马丁的渴望被理解形成了鲜明对比（见前文）。

移情

　　1965 年，安娜·弗洛伊德阐明了她在儿童精神分析中关于移情的一些早期观点的变化，并详细描述了她思想的进一步发展（Freud, A., 1965a, pp.36-43）。她本人后来的经验，再加上伯恩斯坦（1949）对于可以将防御分析作为导入的论证，使得她取消了导入期。她也更倾向于接受这样的观点：儿童可以发展出完全的移情性神经症，但她仍然不相信这一情况与成人身上的完全相同。

　　她也不相信移情的表现从精神分析的一开始就出现了，以及移情可以取代其材料来源。她认为，这一观点基于三个假设：

1　无论患者的人格结构中发生了什么，都可以根据他与精神分析师的客体关系进行分析；

2　客体关系的各个阶段都同等地适用于解释，并在同等程度上被解释所
　　影响；

3　环境中人物的唯一功能是接受力比多投注和攻击性投注。

（ibid., pp.37-38）

　　她指出，儿童精神分析师的经验并不能证实这些假设。对新经验的
渴求意味着儿童通过利用人格中的健康部分，将精神分析师视为一个新
的客体，与此同时利用她进行移情，重现发展中的异常领域。"学习如何
厘清这两者的混合，并在强加的两个角色之间谨慎地切换，这是每个儿
童精神分析师所接受的技术培训中的基本内容"（ibid., pp.38-39）。

　　安妮·哈里森描述了在她与一名4岁女孩的工作中出现的这种转换。
玛莎聪明又有天赋，但因害怕和恐惧而无法发挥，她控制欲很强，无法
在直系亲属之外建立人际关系。她与母亲的关系非常紧张，与父亲关系
密切，还欺负妹妹。她坚持要像婴儿一样被照顾。在对她的精神分析中，
她玩了很多游戏，但都是以一种仪式化的方式。她会主动问一些事情，
却忽略精神分析师所说的话。

　　一个被称为"邋遢猪"的角色似乎为她打开了一扇门，让她有可能
听到治疗师谈论猪对溅水、踩踏和弄脏的渴望。作为对这些言语的回应，
玛莎的游戏行为有了一点点进步，尽管她并未给出直接回应。她不承认
在漫长的暑假啥也没干，就只是在玩一个游戏，游戏中玩偶的名字是"大
女孩"和"小女孩"，她们彼此接近又远离。不过，她似乎在倾听关于她
自己和治疗师的移情解释。她还有好几周一直在玩一个固定不变的游戏，

用单色乐高积木建造统一规模的塔楼，并总是丢弃她称之为"脏兮兮砖块"的不规则部分。哈里森试图找出她认为这些部分脏兮兮的原因，但被她无视了。哈里森感到挫败和绝望。有一天，哈里森坚持用"脏兮兮砖块"来建造彩色房子。玛莎表示反对，看起来忧心忡忡，但精神分析师提出，她不认为这些砖块是脏兮兮的，它们只是不同而已，接着说砖块感到孤独，想加入其他砖块。玛莎试探性地在自己的一座塔楼上加了一块"脏兮兮砖块"，喃喃地说"没问题"。哈里森表示同意，确实没问题。这种干预使儿童能够充分减弱她的控制欲，从而在游戏中与分析师更多地讨论亲密和分离，以及对悲伤和失落的恐惧。

哈里森认为，她的非解释性干预让玛莎有机会意识到加入脏兮兮砖块是安全的，而且，能够接受将治疗师看成独立的、不受她的控制的个体（Harrison, 1998）。

在"正统移情"中，儿童从各个发展阶段退行并重复客体关系。安娜·弗洛伊德认为，前俄狄浦斯期的元素通常应该先于俄狄浦斯期元素进行解释，因为它们往往会将消极、抗拒的态度引入移情，例如，退行到自恋性自给自足，表现为退出分析；共生态度，似乎是一种与精神分析师融合的欲望；依附性依赖，将责任交给了精神分析师，自己不做出努力或牺牲；口腔期态度，导致了绝对化要求；肛门期态度，固执滞留或者是敌意的和施虐的攻击；对失去客体的恐惧，导致依从和误以为的"移情改善"。客体恒常性和俄狄浦斯期态度，以及自我观察、洞察力和继发过程功能等自我和谐的成果，是促成与精神分析师形成治疗联盟的移情元素。安娜·弗洛伊德认为，正是这一点使对非常年幼儿童和早期阶段发展受阻儿童的分析变得尤其困难，因为他们尚未达到有助于治疗联盟的发展阶段（ibid., pp.39-41）。

　　阿吉·贝内在一篇关于儿童病态自我的论文中介绍了病态的一种类型，它使得任何形式的治疗联盟都非常脆弱，并且依赖于治疗师对儿童需求的敏感性。她描述了两个案例（由帕特·雷德福和彼得·威尔逊治疗），两者都需要让儿童的治疗师成为他们自身无所不能的幻想存在的一部分。两个男孩都建立了自我 - 客体边界，并意识到客体的独立存在，但出于病态性自恋的原因，他们都试图强迫客体成为"附属品"，完全按照他们的指示行事。两人都遭受了父母的侵扰，他们经常无法对子女的需要做出恰当反应。贝内建议，在这种情况下，治疗师必须首先让自己成为儿童自大（通常是破坏性）幻想的一部分，因为过早的解释会被儿童视为父母侵扰的重复。只有当儿童开始内化治疗师善良、宽容的方面时，解释才能对儿童起作用（Bene, 1979）。

　　安娜·弗洛伊德还从"正统移情"中区分出"亚移情"，指的是患者将部分人格外化到精神分析师身上。因此，精神分析师可能会被用来代表儿童某些方面的本我、辅助的自我或者外部的超我。通过这种方式，儿童将其内部冲突重现为与精神分析师的外部斗争。但安娜·弗洛伊德认为，用移情中的客体关系来解释这些斗争是错误的，因为尽管这些冲突起源于早期关系，但它们揭示了儿童内心世界中正在发生的事情，这些冲突需要基于他自身状况进行解释，而不是基于他和分析者之间的关系（Freud, A., 1965a, pp.41-43）。

　　那些因退行的肛门欲望而产生冲突的儿童经常将治疗师称为"臭臭"或"恶心"。基于客体关系的解释可能是这样的："你宁愿我是个臭臭的家伙，这样你就可以是干净的那一个"；或者"也许你害怕我会觉得你很恶心"。而基于儿童自身结构冲突的解释可能是这样的："一部分的你乐于表现得幼稚而邋遢，但另一部分的你认为你应该成熟和干净起来"；或者"一部分的你不想长大，认为做一个幼稚而邋遢的人更安全，不过你真的不再喜欢那些臭臭的东西了"。

依赖

　　婴儿的依赖问题在儿童精神分析中很重要。精神分析技术是为发展成熟的成人设计的，不管过去的依赖对他们有多重要，他们现在可以被视为独立的个体。外部环境可以借助患者的讲述而知晓，移情再现则是隐秘的，分析师和患者看不到。然而，儿童的依赖是一个持续的过程，这提出了一个理论问题：儿童在什么情况下可以被视为一个独立的存在，而不只是其家庭的产物和受抚养者？这也提出了一个技术问题，即父母在儿童分析中的参与程度。从儿童的角度来看，精神分析师可以评估儿童求助父母的方式是否适合他的实际年龄，他的依赖是否因此达到了恰当的阶段。例如，儿童可能仍然要依靠父母的能力来操纵外部条件，以适应儿童的需求；或者，他可能已经和他们建立了更稳定的关系；又或者，他可以用他们来支持其自我试图掌控本我的努力，或是作为构建自己独立人格结构的认同模板（ibid., pp.43-53）。

　　但是，儿童分析师也必须考虑父母对于儿童疾病的产生有何影响，这就需要仔细区分两种情况，母亲对儿童的致病性影响和儿童障碍对母亲的影响。对父母和子女的同步分析（Burlingham et al., 1955; Hellman et al., 1960; Levy, 1960; Sprince, 1962）揭示了致病性亲子关系的各种形式。父母对儿童的依恋可能取决于儿童所代表的父母过去的某个理想或人物；

这将儿童塑造成一种特定模式，这种模式可能忽视或对立于他自身的潜能。或者，儿童可能在父母的病态中被分配了一个角色，该角色与儿童自身需要无关；症状可能会以二联性精神病的形式从父母传递给儿童。父母也可能在儿童障碍的维持中发挥了作用，例如，借助恐惧或仪式。

包括以上因素在内的许多问题会影响精神分析师的判断，即能够在多大程度上依靠父母对儿童精神分析的帮助。如果父母站在儿童的阻抗或者消极移情的一边，或者在积极移情时加剧了儿童的忠诚冲突，精神分析师就无法得到帮助（Freud, A., 1965a, pp.43-48）。

例如，一个6岁男童遭受了离异父母之间的忠诚冲突。当他对精神分析师产生积极移情时，他发现自己陷入了母亲和精神分析师之间类似的忠诚冲突。这种情况可以通过解释来处理，但在母亲自己的治疗因其分析师生病而中断后，她的嫉妒情绪急剧增加。这时，男孩的表面症状消失了，母亲也决定中断他的精神分析，理由是儿子已经有了很大的进步，不能再从众多课外活动中抽出时间进行分析。这个6岁的儿童害怕失去客体，他无法承受来自母亲的压力，陷入了一种消极的移情，这种移情的常见形式是不愿意来参加会谈。他的母亲抓住这一点，再度要求他终止治疗。

成人精神分析师可以关注患者的心理现实，而儿童分析师则需要意识到真实环境的巨大影响。儿童的材料不仅传达了他的幻想，还传达了当下可能令他痛苦或不安的家庭中的事情。儿童分析师必须在解释中区分儿童的内部世界和外部世界。尽管如此，环境的改变在大多数情况下并不足以治愈精神异常儿童，婴儿早期也许是个例外，因为儿童的经历很快就融入了他的内心世界，只有影响其人格结构的治疗措施才能消除其影响（Freud, A., 1965a, pp.48-53）。

玛丽·扎菲里乌-伍兹和阿纳·格德尔-特里曼描述了一个有发展困难的儿童，因为教育性措施不足以解决她的内部困境，她需要进行精神分析。乍一看，她体质上或生理上的发展缺陷是由创伤后的冲突和抑制导致的。

玛雅是西班牙移民的孩子，她是一个深受喜爱、健康快乐的婴儿，一岁以内发展良好。父母都有工作，共同照顾她。后来，她的父亲发生意外，住院几周后去世了。在这段时间里，她的母亲奔波在医院和工作之间，将玛雅留给不熟悉的人照料。接着，母亲和玛雅前往西班牙埋葬父亲。在这种陌生的环境中，玛雅感到不安，在回家的路上，她得了急病，不得不住院治疗。一系列创伤性事件之后，除了如厕训练，她几乎在所有发展领域都出现了退行。

她在许多领域都自发地恢复健康，并似乎与母亲重新建立了关系。3岁的时候，就读市中心的幼儿园似乎足以帮助她克服剩下的困难。与母亲的逐渐分离进展顺利，玛雅可以接受老师作为替代照料者。但是，她的社交和理解能力发展迟滞。她常常表现得笨拙、粗暴、咄咄逼人，而且当老师们和她谈论这些事情时，她很茫然，无法理解。她的英语很差，西班牙语也不怎么好。她成了一个"局外人"，尽管老师们试图调解，但其他孩子不喜欢她，排斥她。她自己解释或参与游戏的尝试经常被误解，因为语言能力没有得到改善。她似乎渴望得到成人的关注，但无法利用他们的帮助来说出感受和欲望，只能通过行动表达。她有时会因为自己或他人的小事故而惊慌失措、头晕目眩。通过展示照片和谈论父亲，母亲试图向玛雅证明父亲还活着，但这似乎只会妨碍她接受父亲的离世。后来，扎菲里乌-伍兹帮助母亲找到了与玛雅一起面对父亲之死的方法。

在家里的时候，她很"好"，没有攻击性。但玛雅的笨拙以及视力、言语和听力方面的问题使她不得不咨询各种专家。言语治疗师诊断她患有学习障碍。玛雅需要戴眼镜，但没有发现听力问题。幼儿园的工作人员越来越确信，她发展不平衡的背后是情感创伤，而不是身体损伤。

她4岁的时候接受了治疗，关于攻击性的严重冲突很快出现，这些冲突揭示了玛雅对于因邋遢和发脾气而遭受惩罚的恐惧。她的母亲同时接受了帮助，以认识到她"缺陷"中的情绪因素，并转变对待这些因素的方式。

在反移情中，治疗师（格德尔-特里曼）需要经常体验玛雅的无助、茫然和不理解。她找了一些关于危险和救援的故事书。在精神分析师反复陈述并将其与愤怒、恐惧和无助联系在一起后，玛雅重现了创伤性事件之后的退行，在结束会谈离开时，她回到了婴儿般爬行状态，而不是正常行走。

精神分析师和玛雅一起处理了她对母亲的矛盾心理，以及她对自身全能想法的恐惧，接着是大量的关于治疗师和母亲之间忠诚冲突的工作。最终，她可以用言语表达她对失去母亲和父亲的恐惧。

接下来的重点是她受损的身体和心理，她认为这是由她自身糟糕的想法和感受导致的。焦虑和冲突干扰学习的一个典型例子是，她只能数五、六、七、八，却无法数一、二、三。在治疗师为她数出一个家庭有几口人（一、二、三）之后，这一情况有所改善。

父亲生病和死亡期间，玛雅有一段失去母亲的体验，关于这段时期的材料也出现在分析中的"失去和找回"主题。最终，她明白了她和精神分析师可以在心中记挂着彼此。

她的自尊心提高了，与同龄人之间的关系也有了显著的改善。她成功地进入小学，交到了朋友，老师们对她的评价是善良、体贴、渴望学习（Zaphiriou-Woods and Gedulter-Trieman, 1998）。

终止

在一篇关于终止的文章中，安娜·弗洛伊德论述了儿童精神分析的一些特殊困难。她将消极移情与技术错误引起的敌意反应区分开来。消极移情可以在精神分析中处理，并提供有用的材料；而技术错误引起的敌意反应，一个例子是对潜意识欲望过于突然的解释，可能会引起儿童无法承受的焦虑。她指出，如果积极移情引起了儿童对于精神分析师和父母的忠诚冲突，尤其是当父母也嫉妒分析师时，这种移情可能是危险的。早期的亲子关系如果是高要求、满足需求的类型，这类关系的移情会使儿童无法忍受精神分析情境中固有的挫折感。青少年经常试图打破与精神分析师的联系，同时也在反抗自己与父母的内在联系。

那些不了解儿童潜在障碍的父母，通常希望在症状消失或者儿童在家、在学校不再出现问题时结束精神分析。对于那些严重的自闭症儿童或边缘性儿童而言，随着精神分析带来了内部功能的改善，父母努力营造的社会适应的脆弱表象可能会被打破，而他们可能无法承受这一状况。

她还讨论了以下问题：如何确定儿童何时可以在没有精神分析帮助的情况下安全地发展；如何确定父母是否能够良好地应对儿童未来的发展。她不认为精神分析是一种教养方式，也不认为它应该持续到儿童的整个发展过程。她认为分析应该只用于预防和治疗，有必要让儿童恢复自己的防御，从某种程度讲，防御在精神分析工作中是停滞的。

　　维维亚娜·格林描述了她在结束对一名5岁男孩的治疗时所面临的困难。唐纳德的母亲在他4岁时死于一场事故，这一创伤性丧失令他雪上加霜，因为他早先并没有从母亲那获得安全感，父母在他一岁时离异，并轮换着抚养他。在幼儿园里，他很有吸引力，很聪明，但对其他孩子很有攻击性，会反抗和挑衅工作人员。他表现出明显的焦虑和悲伤。

　　治疗探索了他对母亲去世的困惑、悲伤和内疚情绪。作为一个新的客体，格林辨认出唐纳德的感受，使他能够觉察到自己的感受。在移情中，他们克服了唐纳德关于依恋的冲突，以及他对拒绝和抛弃的恐惧，尤其是对于其肛门攻击性的恐惧。

　　当他有意识地渴望拥有一个继母时，由于精神分析师挫伤了他对继母和父亲结婚的愿望，唐纳德对分析师产生了极大的愤怒和攻击性，开始告诉治疗师和父亲他多么讨厌接受治疗。在治疗室里，格林不得不牢牢克制自己惶惶然的愤怒和破坏欲，同时还要解释自己的无助感。随着唐纳德的困难得到控制和处理，他在治疗之外表现出显著的改善。他的父亲想知道唐纳德还需要参加多久，但他能够理解完成既定治疗计划的重要性。

　　唐纳德开始能够让治疗师知道，他会在接下来的假期中想念她，假期结束后，他毫无异议地回来了。他似乎能更好地控制自己的感受，并在与治疗师的依恋中获得更强的安全感。一些对精神分析师的防御性贬低仍在继续，同时，他希望停止治疗。由于整体平衡似乎正在改善，治疗师同意他可以准备停止治疗，于是他们开始讨论日期，对此，格林认为应该进行一场正规的告别。

　　也许是因为治疗师认可了他的欲望，唐纳德觉得自己被赋予了能量，他改变了主意，还能与治疗师讨论他积极的感受。他告诉父亲，他想继续治疗。而父亲告诉治疗师，停止治疗可能一直都是他的（父亲的）愿望（有很多实际困难以及情感困难）。后续治疗过程进一步讨论了死亡和丧失，最终唐纳德决定减少会谈次数，让自己有更多的时间做其他事情。他似乎坚定地投入潜伏期的活动和兴趣中，格林觉得他已经充分解决了信任和客体方面的冲突，并且正在取得足够好的进步，不需要治疗也能应对困难，但如果他需要，治疗有可能以后再继续。唐纳德、父亲和治疗师三方都同意现在终止治疗（Green, 1998）。

　　唐纳德的案例展示了治疗师在终止治疗方面遇到的困难，他们要决定是否需要继续保护和改善脆弱儿童的发展，或者儿童是否充分恢复到正常发展的道路，只需要有父母支持的自我力量就能应对未来的困难。

　　安娜·弗洛伊德认为，精神分析持续时间过长的一个原因可能是，分析师陷入了试图扭转人格特质的尝试之中，而这些特质可能是不可逆转的。她指的是早期不利环境因素的影响，这与身体缺陷疾病的影响差不多。尽管这些缺陷可能会被后来更有利的影响所缓解，但它们是否能像冲突一样以一种新的、更适龄的方式来解决，她对此持怀疑态度（Freud, A., 1971a）。

不同形式精神病理现象中的治疗因素

　　在后期工作中，安娜·弗洛伊德开始阐述精神分析对发展障碍的作用，这里指的并不是针对经典神经症的经典治疗。尽管她开始承认生命第一年在精神病理成因中的重要性，但她关注的是母子互动，而不是婴儿的幻想生活。在她看来，区分早期环境因素对人格发展或扭曲的直接作用和对精神病理的间接作用，这很重要。

随着她越来越强调根据发展路线来解析精神病理的重要性，她也开始在一定程度上阐述各种发展迟滞和扭曲需要什么样的帮助。最初，她将这种发展性帮助与分析作了区分。在早期的一篇文章（Edgcumbe，1995）中，我评论了安娜·弗洛伊德自身工作所产生的创造性张力，这一点也出现在汉普斯特德诊所所有儿童分析师的临床和治疗工作中。我认为，这种张力产生于忠于西格蒙德·弗洛伊德思想的愿望与超越这些思想的需要之间的冲突，即需要更多地了解儿童期的发展和精神病理学，以及治疗儿童所需的相应技术。

安娜·弗洛伊德似乎已经为自己解决了这一冲突，她认为儿童精神分析需要"单列"，而不是成人精神分析的一个子专业，并进一步将儿童精神分析视为一门相关但又独立的学科，其特殊贡献则是发展观（见第六章，第132页）。她继续在精神分析、基于冲突的原发性神经症所对应的治疗以及发展迟滞和扭曲所需的发展性帮助之间做出明确的区分。她坚持这一区别是基于这样一个事实，即移情中对冲突和阻抗的解释可能不属于发展性帮助所使用的技术。在许多文章中，例如在她关于父亲著作的研究指南中，她写道，他认为每一种基于解释阻抗和移情的治疗都应该被称为精神分析（Freud.A., 1978b）。

然而，她改变了最初的立场，即教育工作不是儿童精神分析师职责的一部分，但需要精神分析的知识和技术来选择正确的方法治疗儿童发展障碍。也许是因为这项工作仍然被称为"帮助"，这让我们觉得我们没有对这些儿童进行"正统分析"。曾经有人甚至质疑，每周一次、共计五次的会谈构成的发展性帮助是否可以算是培训个案。然而，几乎总是发生在这些儿童身上的是，经过一段时间后，可解释的冲突、移情和阻抗开始出现，发展性帮助逐渐转变得更为接近经典儿童分析，从这个角度来看，学员可以放心地将其看作培训个案。

回顾过去，我们很难知道，这种态度在多大程度上代表了安娜·弗洛伊德本人或者培训委员会的分析师们的立场；还是说，这仅仅是因为她担心学员没有合适的机会学习解释技术，或者她对可能看起来是教育性而非分析性的技术有着更深的不信任。

阿娃·彭曼在她主持的讨论开始时记录了一个令人难过的时刻，当时安娜·弗洛伊德正在回应彭曼希望探讨发展性帮助详情的愿望，看着这间挤满了认证分析师和受训人员的房间，安娜·弗洛伊德说道：

> 这些是……我在脑海中反复思考了好几年的问题。但在当时，我在诊所里找不到任何人真正对这些问题感兴趣，而时至今天，这么多人对这些问题有兴趣，我感到非常惊讶。

（Penman, 1995）

我们可能会和彭曼一样，想知道沟通在哪里出现了问题，因为大多数在诊所工作的人都为边缘性儿童、自闭症儿童以及其他异常儿童努力工作过，我们能体会到安娜·弗洛伊德对于继续探索的兴趣和热情，即使是在那些她对成功的可能性表示怀疑的时刻。我们（一部分还是全部？）真的像安娜·弗洛伊德所感受的那样没有任何发展性帮助吗？或者是她将自己的怀疑投射到了我们身上？还是说她针对的是诊所外的精神分析师？我记得她在一次国际会议上发表演讲之后，带着一些担忧地说，她认为人们误解了她所说的"发展路线"的含义，似乎认为她可能正在放弃元心理学。尽管很多使用发展性帮助的案例肯定在临床会议上讨论过，但我们很少将关于这些临床工作的论文发表在诊所之外。或许这反映了我们所有人在制定这一临床理论上的犹豫不决，它将发展性治疗看作一种正式疗法，而不是低层次技术，仅仅只是弥补那些父母没能为孩子做到的事情。也许我们没有跟上安娜·弗洛伊德的转变，她认识到要想弥补父母在恰当的时候没有做的事，精神分析技术是必不可少的。

安娜·弗洛伊德去世大约十年后，吉尔·米勒的一项研究介绍了安娜·弗洛伊德中心的儿童精神分析师用来思考精神分析方法和过程的全部概念，并将治疗师实际做的事情与他们关于技术的理论表述进行了比较。尽管存在大量个体差异，但他们在两个主要方面达成了一致：定义所谓经典分析的概念和技术；定义发展性帮助的概念和技术。此外，在发展性帮助中，除了被承认的"自我支持性"和"自我辅助性"技术外，分析师还通过许多未归类且往往未被承认的方式，使他们的技术与患者的能力相匹配，从而弥补患者的缺陷（Miller, 1993）。

在精神分析世界，发展性治疗慢慢地获得了尊重。例如，格林斯潘的新书制定了一个清晰的框架，识别患者功能中缺失或不足的发展过程，并匹配恰当的技术来激活这些过程（Greenspan, 1997）。在安娜·弗洛伊德中心，研究范围不断扩大，米勒的研究正是其中一部分，因此，在冯纳吉及其同事（1993; Fonagy and Target, 1996a）的文章和安妮·赫里的新书中，发展性帮助被坚定地提升到发展性治疗的地位。赫里评论说，儿童治疗师总是凭直觉来完成工作，儿童依赖这些工作学会玩耍、说出感受和控制而非活现欲望和冲动，与他人建立关系，以及理解他人的想法和感受。但是，这项工作一直被低估了，也未被记录，一部分原因正是理论框架的缺乏（Hurry, 1998, p.37）。

安娜·弗洛伊德于1965年开始创建这样一个框架，当时作为《儿童期的常态和病态》一书的结尾，她精辟地总结不同形式的精神病理现象及其相互影响的治疗因素（Freud, A., 1965a, pp.213-235）。她强调，在儿童精神分析中，在不同的时间，以不同的比例，工作在治疗和发现事实之间交替开展。从范围来看，在有些案例中，治疗师认为如果早期进行了预防工作，以帮助父母和其他人为儿童提供正确的发展机会并避免负面影响，并非必须进行精神分析，而在一些内在冲突主导的案例中，精神分析显然是治疗所需的。不过在确定正确的治疗方法之前，必须厘清这两种情况之间的遗传、动力和力比多经济论因素（ibid., pp.213-214）。

自早期精神分析被认为最适合神经症以来，成人精神分析的范围已经扩大到其他许多形式的障碍，如精神病、边缘状态、变态、成瘾和犯罪。在内在心理冲突是主要致病因素的情况下，精神分析的主要治疗效果来自本我、自我和超我力量的改变，它们对彼此目标的容忍度的提高，以及它们之间和谐度的提升。在儿童精神分析中，这一点也适用于这类儿童，他们的发展已经达到本我、自我和超我充分分化的阶段，本我、自我、超我拥有不同目标，因此产生冲突。在正常发展中，这种冲突由儿童本身的自我来应对，并且是在父母的指导下。如果父母无法做到这一点，自我又被压制时，儿童精神分析会有所帮助，因为言语化、澄清和解释有助于减少焦虑，防止防御过度削弱，并为驱力活动打开宣泄口。这有助于儿童维持平衡，并解释了所有儿童都可以从精神分析中受益的说法。不过在这种情况下，儿童精神分析师只是在执行一项属于儿童自我和父母的任务（ibid., pp.215-218）。

如果驱力和自我/超我之间的不平衡发展严重破坏了内部平衡，则更难预测能否在发展过程中自然恢复，或者是否需要进行精神分析以防止长期的不平衡，这就要借助病理性冲突的解决办法（ibid., pp.218-219）。

在儿童各种类型的精神病理现象中，源自俄狄浦斯情结冲突的婴儿神经症最接近成人神经症；两者都遵循经典的顺序：危险——焦虑——长久退行到固着点——对重新激活的俄狄浦斯冲动的拒绝——防御——妥协形成；它为精神分析师提供了一个与成人治疗最接近的任务：与患者的自我工作，改变不适合的冲突解决办法。这些神经症儿童最有可能愿意进行精神分析，因为他们意识到自己的症状会带来痛苦，这表现为恐惧或冲动会导致他们难以应对想要做的日常事情，或者比他们的朋友感觉糟糕很多。但是儿童还没有发展出自我观察的能力，这一能力很重要，有助于克服阻抗和承受负面移情。儿童天生的好奇心是指向外部世界的，而不是内心。只有在青春期，他们才会开始自然地转向内省。儿童倾向于探索外部因素而非内部因素，这促进了外化的使用，即从外部角度看待问题，并通过外部手段加以解决。儿童通常通过引发父母或老师的惩罚来处理自己的内疚感；或是将焦虑转化为恐惧，试图逃避外部环境，而不去解决内部冲突。他们可能经常希望治疗师帮助提供这样的解决办法：例如，让儿童从被欺负的学校离开，而不是分析他自己的被动受虐倾向；更换班级以躲开一位可怕的老师，而不是理解儿童自身的罪恶感；帮助他摆脱同伴的"坏"影响，而不是探索自身冲动的投射。这些缺乏洞察力的表现与阻抗不同，是儿童期的正常特征（ibid., pp.219-224）。

如前所述，在肯尼迪（1979）和安娜·弗洛伊德（1979a）后期的文章中，他们一致认为，儿童精神分析可以推动儿童患者提早形成自我观察能力，这有助于治疗联盟。

当儿童通过降低自我/超我标准来解决冲突时，例如在某些异常、反社会或发展明显迟滞的情况下，他不再感到焦虑或内疚，并对自己的状态感到满意。那么，分析性干预必须首先创造条件来让冲突重新出现，以便再次提醒儿童他内心的不和谐，并促进他改变的愿望。这就是安娜·弗洛伊德导入期的目的，也是为什么艾克霍恩要促成他的违法倾向患者对自身及其价值体系的认同，这可以制造冲突，然后对冲突进行澄清、言语化和解释（Freud, A., 1965a, pp.24-77）。

"即使儿童精神分析仍然适用并会带来改善"，治疗技术的性质也会在以下情况发生变化，即发展的阻断、缺陷和不足比障碍中基于冲突的那些方面更为严重（ibid., p.227）。

除了构成精神分析技术主体的解释、拓展意识、言语化和澄清之外，还有其他元素可能并不是分析者想要的，但却是不可避免的。当精神分析师在情感上对于患者暂时很重要时，建议会有效果，这会导致精神分析的教育性副作用。患者可能会滥用移情来矫正情感体验，这种倾向在将精神分析师作为新客体的儿童身上变得更强烈（ibid., pp.227-228）。在索引的论述中，安娜·弗洛伊德区分出一种不同于"矫正性体验"这一最初想法的情况，即患者使用移情和与分析师的新客体关系中的经验来矫正早期体验。新的客体关系是精神分析师有意的选择，为的是提供新的经验，而不是解释过去的经验（Sandler et al., 1980, p.113）。儿童还可以从与治疗师的亲密关系中获得安慰，因为他迟早会变成一位值得信赖的成人。安娜·弗洛伊德指出，即使精神分析师试图防范这些非分析性元素也没有用，是儿童自己从儿童分析包含的所有可能性中选择了他需要的治疗元素，这一观点与西格蒙德·弗洛伊德、费伦齐和艾斯勒一致。

要分析一个神经症为主的儿童时，建议、安慰、矫正性体验和管教起不了太大作用。如果儿童自己寻求这些元素，这通常是一种阻抗的表现。但它们几乎没有治疗效果，因为它们不会改变内在力量的平衡。

然而，非神经症患者可能需要更多的非解释性元素。例如，一个边缘性儿童可能对幻想内容给出糟糕的解释，他的这些解释，不是为了改变自我和驱力功能之间的平衡，控制他的幻想世界，而是为了将它们编造进他的幻想，从而增加焦虑。这样的儿童能从对内在和外在危险的言语化和澄清中获得更多的宽慰。他们的自我不够强大，无法整合并以继发过程为主导，通过言语化澄清这种情况带来的可怕影响，让他们感觉更轻松。

力比多有缺陷的儿童与精神分析师的客体关系处于不成熟水平，他们的发展在此时被阻断，例如，他们可能只寻求需求满足，缺乏客体恒常性。只有在这些儿童的发展阻断最初是基于冲突或创伤性事件，而非早期客体关系的严重剥夺的情况下，移情解释才能对他们有帮助。在这种情况下，儿童可能会对与精神分析师的亲密关系做出回应，随着会面的频率增加，分析师的全情投入，这有利于发展力比多式依恋。这种情况确实可以提供一种矫正性情感体验，让儿童进入更高层次的力比多式客体关系。

智力迟钝的儿童常常被原始恐惧所困扰，由于自我的不成熟，他们无法应对内在或外在危险，而焦虑则进一步阻碍了自我的成长，导致他们陷入恶性循环。此时，精神分析师的安慰作用对儿童很重要，能帮助他们应对每一个阶段的焦虑并逐步提升。

即使是在有器质性损伤的情况下，如果缺陷主要存在于驱力之中，精神分析可以为幻想创造可能性，或为驱力活动开辟新的宣泄口，从而对抗相对正常的自我的压力，如果这些压力太强，相对较弱的驱力无法承受。或者，如果是自我功能受损，导致对驱力的控制减弱，那么作为辅助自我的角色，精神分析师可以帮助强化儿童本身的自我（Freud, A., 1965a, pp.227-232）。

安娜·弗洛伊德谈到了父母自身在纠正或加强儿童发展不平衡方面可以产生的作用。母亲的参与有助于将发展路线"力比多化"，她对此特别感兴趣。这种参与可以帮助儿童弥补他落后的发展路线。一个常见的错误是促进儿童的优势领域，例如，与擅长说话的儿童多聊天，给身体活跃的儿童更多的运动机会，或者给高智商的儿童更多的智力资源（ibid., pp.232-233）。

在奥德丽·加弗向的病人马丁（见前文）的案例中，分析师不得不完成大部分通常由父母完成的工作。马丁的父母很爱他，对他也很好。但他们都是高智商人士，希望所有的儿女都能发展出与自己相似的知识兴趣和才能。他们很重视语言和思维能力。这对夫妇在童年时都没有经历过亲密关系，但他们在努力经营这段温暖的婚姻关系。然而，他们对如何帮助儿童应对感受或理解经验几乎一无所知。因此他们不太适合为发育迟滞的儿童提供额外的高敏感性支持。他们往往会巩固马丁用作防御的一些"聪明"表现，例如学习法语单词表，没完没了地计算往返于家、诊所和各种其他地方的里程，烦琐地计算各种事件的时间，积累关于行星大小和到达它们所需的时间的知识，等等。

马丁对父母的失望极为敏感，尤其为他的不善表达和不够聪明而苦恼。加弗向描述了许多马丁在治疗中需要教的事情，而这些是大多数儿童自然习得的，例如，如何发困难音，理解因果关系，如何向他人解释他的一系列想法，或者弄清楚人们对他的看法。这项工作与精神分析中更具解释性的工作一样，都非常重要（Gavshon, 1987）。

安娜·弗洛伊德指出，一些治疗师提倡聚焦疗法，将特定类型的干预与特定类型的障碍相匹配（Alpert, 1959; Mahler and Gosliner, 1955）。但在安娜·弗洛伊德看来，尽管这种专门化似乎是合理而经济的，但也存在一些反对的理由：很少有儿童患者呈现出完全符合标准的临床表现；大多数情况是混合的，因此需要一系列的治疗程序，例如儿童精神分析中可用的治疗程序。我们的诊断技能还不足以准确预测儿童到底出了什么问题，需要什么形式的治疗。儿童精神分析允许继续探索，并为儿童的治疗提供了多种可能性，供其选择（Freud, A., 1965a, pp.232-235）。

她认为，相比于一般精神分析，与基础发展不完全的儿童工作需要更多的勇气，但她相信，只有这样的尝试才有可能填补我们对发展问题理解的空白（Freud, A., 1974b, 1954）。

安娜·弗洛伊德在一些文章中提出了同样的观点：在精神分析中，询问的方法等同于治疗的方法。但在1976年的一次关于精神分析实践和经验的研讨会上，她承认询问的方法与治疗的方法不再等同。现在，我们对于环境对自我造成的伤害有了更进一步的理解。重构这种伤害并不能治愈它。她认为，精神分析师们现在不得不接受这一令人羞辱的事实。

她写道，我们仍在努力将新知识转化为有效的治疗（Freud, A., 1976a）。

　　她在其他地方写道，精神分析方法对于阐明临床表现和揭示因果关系至关重要，但这种方法本身无法弥补早期损害。她认为儿童分析师的下一个任务就是为此设计方案。与此同时，他们可以帮助儿童患者应对发展缺陷的后果。她认为，这可能是朝着更基本的治疗迈出的一步（Freud, A., 1978a）。从本章所介绍的临床医生的文章和安妮·赫里的书（Hurry, 1998）中，可以清楚地看到我们正在采取的措施。

第八章
总结：遗产

开篇提出的问题有了答案吗？

在总结安娜·弗洛伊德对精神分析理论和实践以及对儿童福祉的贡献之前，先让我们回到第一章提出的那些问题。

为什么她不同意将发展性帮助作为精神分析的正式技术？

这个问题的答案似乎是，当她发现精神分析的历史发展趋势促使其不断拓展探索范围，并试图治疗非神经症性障碍时，她开始倾向于这一看法，因为她认可了寻找分析性方法而非教育性方法来治疗发展缺陷的必要性。不过，这些观点出现在她后期的文章中，而现在大家学的往往是她早期文章中的理论。她的观点不像是研究发现和明确的技术，更像是儿童精神分析将来需要解决的任务。在公布新发现之前，她总是谨慎地用临床研究来验证这些新想法。在撰写后期这些文章时，她已不再亲自治疗儿童，而是依靠诊所的案例报告和讨论作为材料。我们这些与她讨论案例的人都意识到，她乐于帮助我们探索新问题，但也小心谨慎，以确保我们不会仅仅因为自己的技术错误而遗漏问题。沃勒斯坦（1984）贴切地描述她为"坚定的保守派和激进的革新者"。他指出，她1936年的《自我与防御机制》一书带来了巨大的技术创新，从而改变了解释的平衡，使得对自我的分析与对本我的分析同等重要。现在，这已经是"经典"技术的一部分，但在当时是革命性的。然而，如果要被迫做出选择，她可能倾向于这样看待自己的角色或职责：在新思想毫无约束地喷涌而出时，要坚守原则。她认为这些思想需要经过更多的研究才能被接受。正如基于经验和对观察与临床资料的检验，她自己关于人格发展和心理功能的理论是缓慢发展起来的一样，她的技术理论也随之一步步成熟。

虽然提出了许多出色的客体关系理论，但她为什么依然被认为只是一位驱力理论者？

只要她没有放弃驱力理论而彻底转向客体关系理论，或许就不能视其为客体关系论者。格林伯格和米切尔（Greenberg, Mitchell, 1983）认为驱力理论和客体关系理论是不相容的动机理论。但是他们确实提到了约瑟夫·桑德勒，他试图通过将动机归因于客体关系和驱力来调和两个理论。他们把安娜·弗洛伊德归为那些使用调和策略的人：在驱力 / 结构理论中为客体关系找到一个位置。当然，安娜·弗洛伊德也会如此归类，因为她认为早期的需求满足经验对于客体关系的发展至关重要。这就是依附性关系的概念：对客体的爱建立在早期满足自我保存需要的基础之上。不过，她在驱力结构理论中构建出了一套客体关系理论，就这点而言，她确实值得称赞，因为她提出了一个非常详细的客体关系发展理论。她的一条发展路线非常明晰地表达了对外在和内在关系发展的看法，她还展示了有多少条其他路线非常依赖母子关系，以实现最优发展。事实上，她一次又一次地证明，稳定的爱的关系对于性和攻击性的最优发展是多么重要。因此，从这个意义上讲，她认为驱力是在客体关系的背景下组织和表达的。

论战迫使她在政治上和理论上都避免与梅兰妮·克莱因结盟，后者被认为是客体关系理论的开创者。然而，很明显，她一直试图考虑和评估克莱因的临床观点。许多著作表明，她可能比她的众多追随者更愿意将理论与政治分开，并继续根据临床证据对理论进行验证。然而，当时的克莱因学派似乎根本不愿意考虑安娜·弗洛伊德的观点。多年来，双方关系恢复得非常缓慢。令人遗憾的是，安娜·弗洛伊德和梅兰妮·克莱因之间预期的会面从未发生过，尽管这可能会带来更富有成效的争论和相互间的认可。

无论如何，克莱因学派并不是当时英国唯一研究客体关系的人。一些独立人士也在这样做，比如费尔贝恩、温尼科特和巴林特。费尔贝恩明确地用客体关系代替驱力作为行为的动机，安娜·弗洛伊德对此并不认同。但在巴林特和温尼科特关于早期关系经历影响的观点中，她找到了更多契合点。安娜·弗洛伊德当然不同意克莱因的很多理论，尤其是那些似乎正在破坏弗洛伊德驱力理论的表述。尽管没有那么坚定，她也避免使用可能使她与鲍尔比站在同一阵营的表述。她一直在引用鲍尔比的发现，认为这与她自己的发现相似，并且只就如何解释这些发现进行争论。她不喜欢鲍尔比用行为学理论替代精神分析理论的企图，但他们关于儿童和母亲早期分离的影响的共同兴趣仍然很浓厚，这一点在安娜·弗洛伊德对罗伯逊夫妇电影的评论中得到了证明（Freud, A., 1953c, 1969d）。自从罗伯逊夫妇分别在汉普斯特德诊所和健康儿童诊所工作以来，她与他们一直保持着私交。1975 年，安娜·弗洛伊德和多萝西·伯林厄姆成为罗伯逊中心的创始成员，该中心旨在促进人们对幼儿情感需求的理解。

从安娜·弗洛伊德不同时期的著作中可以看出，她越来越重视早期生活经历，最终甚至放弃了最初的想法——开始，她认为六月龄之前应该被视为生物功能占主导地位的时期，仅仅是为以后的心理成长奠定基础。后来，她承认重要的心理体验从出生就开始了。然而，她支持的客体关系形式与克莱因学派对儿童幻想世界的重视大相径庭。安娜·弗洛伊德与那些强调母婴互动的人更为一致，并且越来越有兴趣探究这种关系中的早期经历对人格发展的影响。在后期的一些著作中，她似乎把这些影响同驱力发展的影响相提并论，因为她写道，这两种影响对个体的发展和潜在的精神病理有着不同的作用。

为什么她不够出名？

她自己也做出了一些解释。在讨论公众对精神分析态度的变化时（1969c，p.130），她评论说，虽然精神分析思想最初受到反对和质疑，但在今天，相信潜意识、性与攻击性、梦的重要性并不会被视为神秘、怪异、革新或激进。在一本关于艾克霍恩的书的引言中，她给出了一个可能也适用于她自己的评论：人们不再记得是谁引领了他们现在使用的方法（1976b，pp.344-345）。1981 年，她对自己的工作在半个世纪后的命运进行了评论，其中她说道："假设它所传达的信息一直是完全正确的，它会变得多余、过时，并失去读者。单是为了生存，它就需要改变，需要更新"（Freud, A., 1983, p.107）。她确实在不断更新她的工作。但正如彼得·纽鲍尔所说：

随着人们关注的问题和主题的不断变化，那些仅靠分析理论和临床实践主体的人可能会失去关注度。那些把自己区分开的人，或者那些添加了不容易整合到精神分析主体知识的人，往往是引人注目的。

（Neubauer, 1984, p.15）

毫无疑问，她1936年的著作《自我与防御机制》在当时颇具革命性，最终也变得非常有影响力，从而被成人和儿童的主流精神分析理论和临床技术所吸纳。也许，正是由于这种吸纳，她失去了关注度。

她后期发表的大部分作品都是关于儿童分析和儿童发展，这可能也与关注度不高有关。在英国精神分析学会中，大多数分析师更喜欢只对成人进行工作。尽管有安娜·弗洛伊德、梅兰妮·克莱因、温尼科特以及她们的同事与继承者的鼓励，但只有较少一部分人也接受了儿童精神分析培训。除了儿童心理治疗师协会之外，其他精神分析心理治疗方面的协会也是如此。因此，如果你撰写的是成人精神分析方面的问题，人们理所应当会更感兴趣。事实上，直到她生命的尽头，安娜·弗洛伊德一直在为成人患者工作。她自己写的关于与成人工作的文章相对较少，但她的大部分思想都体现在探究成人患者问题的汉普斯特德诊所团队的工作之中，可以通过她同事的出版物得以了解。她的发展路线和对发展不协调的思考尤其适合于理解精神病和边缘性患者临床表现的具体情况（see e.g., Freeman, 1983; Yorke, 1983）。

她更喜欢通过团队讨论的形式与同事一起工作，而不是独自一人，这意味着她的一些想法是通过其他人的作品传播的。他们承认这些思想属于她，但读者或许不会明确注意到这一点，毕竟不是她自己写的书或文章。她更关心的是这些想法是否正确，而不是宣扬自己在创造这些想法中的贡献。

安娜·弗洛伊德是一个相当注重个人隐私的人，她为自己的理念不懈奋斗，但不希望因此而引人注目，宁愿用自身表现为自己代言。她有一些讲座和研讨是在英国举行的，但主要集中在应用领域。她主要的报告和研讨是在美国的各个精神分析中心举行的。因此，英国人可能没有意识到她的地位，她不仅影响了儿童精神分析的理论和实践，还影响了它们在许多其他儿童服务工作中的应用。布伦特咨询中心是一个重要的青少年分析性治疗和青春期障碍研究的机构，由英国学会分析师摩西·劳弗在伦敦成立，他曾在汉普斯特德诊所接受儿童和青少年精神分析师培训。该中心不仅得到了安娜·弗洛伊德的支持，还吸引了许多受过汉普斯特德培训的分析师。该中心对青少年发展问题进行了一系列研究（e.g.Laufer and Laufer, 1984, 1989）。在英国和美国的许多儿童心理健康诊所里，安娜·弗洛伊德的理论和方法方兴未艾，这得益于汉普斯特德的毕业生们工作于此。

这导致了另一个事实：许多汉普斯特德诊所的学员来自美国，经过培训后又返回那里。当许多英国学员也移民到美国的时候，那里的氛围比英国更适合精神分析。他们受到了美国精神分析师的欢迎，因为其中许多人是弗洛伊德的同事，当年在纳粹上台时逃离欧洲，来到美国定居。安娜·弗洛伊德在儿童分析史（1966c）中列出的类似汉普斯特德的诊所名单严重偏向美国；她列出的同事许多都是第二次世界大战前与她共事过的人，后来他们移民到了美国。其中一些人是美国汉普斯特德诊所筹款的主要支持者（海伦·罗斯、彼得·纽鲍尔、库尔特·艾斯勒、阿尔伯特·索尔尼特等）。美国基金会提供了大部分资金。大量同事和学员涌向美国，这意味着她的思想在美国比在英国传播得更广泛。

最后一点是，如果缺乏良好的精神分析基础知识和临床经验，你很难理解她后期的著作。尽管早期的著作中包含了许多案例，以证明她在理论陈述中的临床意义，但她后期的著作中却很少有案例。要想获得这些案例，不得不求助于她的同事和学生的著作，但把它们结合起来的工作落在了读者身上。在应用性的文章中，她确实写得很简单，并举了例。但是，有许多这类文章没有及时发表，或者出现在某些专业期刊上，而想了解心理咨询的普通英国读者并不容易接触到这些期刊。她曾尝试将理论清晰、简单化，当然，她的文字比一些理论性作者更具有可读性。她本人哀叹临床实践和理论已经分裂，以至于许多人无法再看到元心理学与他们临床工作的相关性，临床医生和理论学者各行其是。

不了解发展路线起源的人可能会把它们误解为"评价"和"安置"儿童的一系列僵化顺序。这类似于许多人在使用剖面图时所犯的错误，即试图将其用作他们可以填写的问卷。这两种方法实际上都是为了帮助儿童精神分析师运用理论来思考发展的复杂性，以便尽可能具体地了解儿童症状背后的原因。

在安娜·弗洛伊德的这些创新性观念中，发展路线是她对自我功能兴趣的自然而然的发展，她希望探索对防御、欲望和冲动进行解释的重要性。通过探索自我在塑造驱力表达中的作用，以及客体在塑造自我功能中的作用，她对本我 - 自我 - 客体的相互作用进行了更精细的剖析。她将宏观结构分解成微观结构。但它们并不僵化，而是在不断变化和发展。

不仅每条路线内部存在相互作用，每条路线之间也相互影响。这是一种关于发展和心理功能的复杂思维方式。或许，并不是每个人都愿意掌握复杂问题。

遗产

她的遗产包含了多个方面。她创立了汉普斯特德诊所，许多类似机构也深受她思想的影响。1982 年，安娜·弗洛伊德去世，为了纪念她，汉普斯特德诊所更名为安娜·弗洛伊德中心。尽管有所变化，该中心仍然在履行她设想的三项职能：培训、治疗和研究。

培训

通过与伦敦大学学院的合作，该培训中心现在有资格授予学位。过去，完成第一年（前临床）培训即可授予理学硕士，专业为精神分析发展心理学。近期，安娜·弗洛伊德中心拿到了授予博士学位的资格，完成后续几年的临床培训就可以拿到心理学博士学位。目前，第一批博士生正在攻读中。这是约瑟夫·桑德勒多年来一直在倡导和追求的，他是辛辛那提大学心理学系的第一任精神分析学主任；最终，桑德勒的下一任彼得·冯纳吉实现了这一愿望。

为培训寻找慈善资助越来越困难，再加上英国国家医疗服务体系（NHS）可以提供培训职位，许多学员现在加入了英国国家医疗服务体系，而不是在安娜·弗洛伊德中心做全职。这一选择的缺点是限制了他们参加临床研究团队的时间，减少了中心治疗的病例数量。但是，好处是丰富了学员们的实践经验，能够更深入了解他们目前在教育、社会和法律服务方面需要做的各种工作。此外，他们还为中心带来了新的思想。

　　培训的内容有所调整，因为学位课程有着不一样的研究要求，精神分析与其他学科的交叉诞生了一些新的发现和理论。同时，健康、教育和社会服务领域也对治疗师提出了新要求。不过，安娜·弗洛伊德中心的培训仍然坚守着精神分析的本质。

治疗

　　多年来，安娜·弗洛伊德中心的患者情况也在发生改变。在接受强化治疗的儿童中，现在更多的是患有较严重障碍的儿童，原发性神经症儿童的人数较少。之所以出现这一变化，部分原因是我们对儿童的治疗需求有了可靠的临床评估，尤其是提升了对发展迟滞和缺陷的鉴别诊断能力。不过，这也反映了父母们难以支持儿童接受强化治疗。

　　其他儿童和家庭诊所可以提供形式更简单的治疗，包括家庭治疗和非强化形式的个体精神分析治疗。在大多数诊所，由于资金限制，这些是唯一能提供的治疗形式。安娜·弗洛伊德毫无疑问会为此十分苦恼，因为诊所为儿童提供的依然是儿童所能获得或负担得起的治疗，而不是他们最需要的。有些幼儿及家庭的困难主要基于亲子间的互动，家庭治疗通常很适合他们。治疗技术的发展也使治疗师能够通过非深入的个体治疗，相对容易地对配合的神经症儿童或发展迟滞程度较轻的儿童取得治疗效果。但是，对于更严重的障碍儿童与家庭，仍然需要针对他们内在世界和外在互动关系开展更为强化的工作。在安娜·弗洛伊德中心，现在被认为最需要强化治疗的往往不是原发性神经症儿童，而是那些更严重的边缘性和反社会性的儿童。对于那些在后期发展阶段产生基于冲突的病态儿童，虽然他们仍然被认为对分析的反应最迅速、最成功，但也被认为能够对低强度的精神分析治疗做出良好反应。父母，尤其是努力抚养好几个孩子的单亲父母，常常无法应对日常治疗，有些是出于客观原因，有些是出于情感原因。

首先，与父母面谈以初步了解情况，判断全面的诊断评估是否适当，以及父母是否可以支持评估和治疗（如果需要），这些在以前是由社会工作者或治疗师完成的非正式性工作，如今已经正式纳入家庭支持计划，该计划负责处理大多数的送诊情况。顾名思义，该计划的职责是，以任何看起来恰当的组合方式，与父母和儿童进行大量的初步澄清和支持性工作，以及在建议治疗的情况下，与父母一起开展支持儿童治疗所需的任何工作。健康儿童诊所已经被亲子项目所取代，该项目旨在解决亲子关系中的早期情绪问题。在学步儿小组和幼儿园中，人们发现障碍家庭和儿童的数量比例变得越来越大。本书的撰写过程中，许多幼儿园正在考虑是否将其日益重要的治疗角色正式化。这些变化一部分反映了婴儿保健、日托和幼儿园方面的法律法规有所改善，另一部分也反映了这些为正常儿童提供的服务难以获得慈善资金支持，而法定部门则更容易开展。

研究

在过去十年或以上的研究中，临床研究团队的数量在逐渐减少，还存在的那些研究团队做得更多的也是符合学术规范的控制研究。一部分原因是临床工作人员的时间有限，但也是由于对研究中"证据"的要求在不断变化。多年来，临床经验的积累、案例的比较以及同事之间的想法和发现的交流，为探索每一个新困难和新问题提供了坚实的基础。但如今，课题基金的提供方越来越要求进行控制研究，从而在有限的时间内产出结果。

汉普斯特德诊所案例档案中记录的大量数据仍然是研究的主题。最近的一项回顾性研究已经能够对不同类型障碍的各种强度的治疗结果做出评论（Fonagy and Target, 1996b; Target and Kennedy, 1991）。案例数量足够大，意味着即使没有进行控制研究，也可以在各组之间进行某些比较并得出临床结论。计算机的出现意味着由所有案例分析产生的大量复杂数据变得更易于管理。彼得·冯纳吉和玛丽·塔吉特最初查了763份案例档案，他们使用《汉普斯特德儿童适应测验》来测量治疗前后具有临床意义的整体性适应情况。以下是他们众多发现中的一部分：无论障碍严重程度如何，幼儿（6岁以下）的改善情况最佳。幼儿在强化治疗（每周4~5次）中表现更好，但青少年在非强化（每周1~3次）治疗中表现更好。如果母亲患有精神疾病，6岁以下儿童有着更差的治疗效果，但潜伏期儿童的效果更好。情绪障碍儿童比有破坏性行为障碍儿童更有可能得到改善；但如果破坏性行为障碍儿童也经历了高度焦虑，情况则会好一些。破坏性行为障碍儿童的辍学率很高，但那些能够接受三年或以上治疗的儿童确实有所改善。一般来说，对于更严重的疾病，改善程度与治疗时间相关。

冯纳吉和塔吉特认为，这些结论加上其他发现，反映了发展过程受损的严重程度、实现改善所需的工作强度及时间之间的相关性。他们详细说明了一些类型的发展性帮助，能用来应对自我功能以及自我和客体表征的缺陷（Fonagy and Target, 1996b）。他们举了一些例子，将这种方法的有效性与更经典的对冲突的解释进行了对比，从而提出一个历史性的观点，即在这些案例报告所涵盖的时期（20世纪50年代末至1990年），技术的变化反映了一种转变，从主要侧重于对俄狄浦斯情结议题的解释，转而探讨母子关系和自我发展方面的早期困难。在数据分析中加入时间维度，这会非常有意思。

在这项研究之后，由卡伦·恩辛克领导的一项前瞻性研究目前处于试点阶段。这一研究将选择有严重行为障碍的潜伏期儿童作为被试，他们来自不同诊所，而这些诊所的治疗资源有限。这些儿童将被随机分配到四种治疗形式。该研究将比较强化精神分析治疗、非强化精神分析治疗、行为治疗和"常规治疗"（即相关诊所通常提供的任何治疗形式）的结果。在大多数个案中，会将家长指导或家庭治疗降到最低（未发表的报告）。

安娜·弗洛伊德去世后，基于她的思想，还开展了许多其他的研究项目。由于篇幅所限，这里只写近期以及正在开展的几个项目。

莫兰和冯纳吉使用个案研究法，追踪研究了精神分析治疗在改善青少年糖尿病控制方面的效果，在分析之前，这些青少年控制不佳，存在生命危险（Moran and Fonagy, 1987）。

以年轻的成年人为对象的研究团队开展了一项研究，将旧形式的临床小组讨论与对结果的统计评估相结合，其工作始于1990年，现在即将结束。这个团队也很接近安娜·弗洛伊德的发展观点，因为它的目标之一是研究刚刚脱离或未能脱离青春期的年轻人的特殊困难。它还比较了不同的治疗频率和治疗技术。每个精神分析师每周分别治疗一名患者五次，另一名患者一次。

一些临床论文已经不再拘泥于每周对患者的进展进行讨论。在1992年纪念安娜·弗洛伊德逝世十周年的一次会议上，提交了几篇论文。彼

得·冯纳吉和玛利亚·塔兰迪尼·沙利思（Maria Tallandini Shallice）
讨论了精神分析研究存在的问题（Fonagy and Tallindini-Shallice, 1993）；
邓肯·麦克莱恩制定了一份为年轻人修订的剖面图样本（McLean, 199）；
朱莉娅·法布里修斯比较了 12 名患者发展损伤的表现和诱因（Fabricius,
1993）；琼·沙克特提交了一篇关于一位年轻男性寻找认同的临床论文
（Schachter, 1993）；布赖恩·马丁代尔描述了一位年轻女性在与母亲分离
方面的困难（Martindale, 1993）。此外，罗西尼·佩雷尔伯格研究了如
何对严重的暴力伤害自己或他人的患者进行精神分析治疗，你可以在她
的书中看到更深入的个案研究（Perelberg, 1999）。

除了精神分析诊断评估、剖面图以及书面治疗报告，精神分析师每
周还要填写很长的调查问卷，患者在治疗开始时以及治疗后，大约每隔
18 个月要接受一次正式的精神病学访谈。所有数据都输入计算机并接受
分析。

当前，由精神病学顾问邓肯·麦克莱恩领导的一个研究团队正在进
一步修订诊断图。除此之外，他们正在重新阐述客体关系在儿童精神病
理学中的作用。

一项正在进行的依恋研究利用条件控制和访谈，对代际关系模式进行
了探索。该研究没有使用精神分析材料，但在探索父母期望和早期亲子关
系对儿童后期发展的影响时，使用了精神分析思想。迄今为止的研究发
现，通过定性研究父母对自己童年的描述，可以预测婴儿依恋的安全性，
并且儿童可以对父母双方形成不同类型的依恋（Fonagy et al., 1993）。

一项关于收养的研究也与安娜·弗洛伊德对分离、关系的重建或替
代等问题的兴趣有关。这项研究由米丽娅姆·斯蒂尔和吉尔·霍奇斯主

持，与托马斯·科拉姆基金会和大奥蒙德街道医院协作开展。它使用成人依恋访谈和故事主干技术来预测受虐儿童收养安置的效果（Steele et al., 1999a, 1999b）。

在此之前，吉尔·霍奇斯和米丽娅姆·斯蒂尔研究了受虐儿童对父母和自我的内在表征。该研究利用故事主干法对儿童的感受和期望进行了系统而细致的评估，并据此决定如何安置儿童（Hodges, 即将出版）。

安娜·弗洛伊德最长久的遗产是她关于发展的精神分析思想，这一点从安娜·弗洛伊德中心目前的研究，以及其他国家如今和昔日的学生、同事的著作中可以明显看出。在安娜·弗洛伊德去世后，许多纪念文章都提到了这一点（e.g., Abrams, 1996; Colonna, 1996; Elliot-Neely, 1996; Flashman, 1996; Mayes and Cohen, 1996; Miller, 1996; Neubauer, 1984, 1996; Sandler, 1996; Yorke, 1996）。菲莉丝和罗伯特·泰森撰写了一篇文章，对关于发展的精神分析理论进行了全面阐述（Tyson and Tyson, 1990）。其他一些学者关注的是安娜·弗洛伊德如何将精神分析应用于其他学科（Goldstein, 1984; Solnit and Newman, 1984），或者他们自己如何将精神分析思想应用于新的领域，如警务（Marans, 1996）。

安娜·弗洛伊德对发展涉及的重要领域的阐述有着十分重要的意义，帮助人们理解了以下知识：早期经验对以后功能的影响；两种基本形式的精神病理现象（基于冲突的和基于缺陷的）之间的区别；不同形式的症状对应不同形式的精神分析干预。她利用毕生的经验、与同事的携手合作，为关于发展的精神分析研究创建了一套全面而细致的框架。无论是在治疗和研究中，还是在将精神分析思想应用于儿童的其他专业服务中，这一框架对所有愿意使用它的人来说都极其有用。

术语表

这里列出的术语中，一部分是由安娜·弗洛伊德首次提出，一部分在她的作品中有着特殊的用法，这些用法可能与其他精神分析学家有所不同。需要更全面的精神分析术语定义的读者可以参考里克罗夫特（1968）或拉普朗什和彭塔力斯（1973）的版本。

依恋（Attachment）

婴儿与母亲（或母亲替代者）的最早关系。它是在生命最初的几个月里发展起来的，婴儿体验到需求被满足，并由特定的人抚养，因此婴儿会更喜欢这个人。这种早期依恋导致了对客体的爱。如果儿童缺少客体，或者拥有客体但在某些方面不够充分，又或者关系被中断，那么，许多依赖于儿童喜爱、渴望取悦和害怕失去客体的发展领域都会出现严重的障碍。安娜·弗洛伊德和约翰·鲍尔比同意早期依恋的重要性，以及早期依恋发展中断或失败的精神病理学后果，但他们对早期依恋的发展提出了不同的理论。

防御（Defences）

自我的主要功能之一，它是西格蒙德·弗洛伊德提出的概念，指的是一种精神力量，阻止我们以更原始和粗犷的方式来意识到我们的本能、

欲望和感受。只有可接受的衍生物才允许进入意识。在分析中，防御最
明显的表现是对自由联想的阻抗。安娜·弗洛伊德对防御这一概念的贡
献是更详细地列举了防御的方法，以及从原始防御形式逐渐转变为更成
熟防御形式的发展顺序。未能发展出适龄的防御形式是缺陷精神病理学的
重要领域之一。她对精神分析技术的主要贡献是强调需要分析防御，以
及无意识的冲动、欲望和感受。

发展缺陷（Developmental deficit）

未能在一个或多个领域正常发展。通过使用发展路线，可以确定具
体的缺陷领域。

发展迟滞（Developmental delay）

个体在某些或所有发展路线上落后于其预期水平。

发展失调（Developmental disharmony）

个体并不是在所有的发展路线上都均衡发展。一定程度的失调属于
正常范围，但严重或持续的失调表明存在精神病理现象。

发展性帮助（Developmental help）

治疗师用于治疗发展迟滞和缺陷的技术。他们可以使用解释，但更
常用的是将感受言语化，阐明因果关系，展示如何思考、如何理解他人
和自己的行为、如何管控自己的行为，等等。治疗师开发了多种方法来
帮助患者表达自己，在对自己和他人的体验中找到意义，以及形成内在

的控制自己的方法。安娜·弗洛伊德最初认为这些技术是教育性的，并非精神分析治疗的一部分，因为它们不注重对移情和阻抗的解释，以及它们试图解决的不是冲突而是缺陷，这些缺陷要么是先天的，要么是儿童抚养过程中的环境缺陷所导致的。然而，她最终转向了这一观点：它们确实构成了精神分析技术的一部分，因为只有对内在世界和精神功能的发展有详细的了解，才能准确地感知儿童所缺少的东西。她还得出结论，大多数儿童期障碍是缺陷和冲突的病态混合体。

发展路线（Developmental lines）

通过内外因素的相互作用而取得进步的人格领域。在西格蒙德·弗洛伊德的结构理论中，人格的三个主要领域被概念化。本我包含了人格中的生理性力量，尤其是本能驱力；它的运行基本上不在意识的领域内。自我从本我发展而来，这一部分人格最贴近外在现实的需求；它控制驱力和情感，在本我、超我和外在世界之间起中介作用；这一部分人格最容易被个体认同为自己。超我是本我的进一步发展，本质上是个体的良知；它的发展一部分是通过认同父母或其他重要客体的要求和禁令，一部分是通过自我识别失控的本能行为的危险。安娜·弗洛伊德研究了许多领域，在这些领域中，各个方面的内在力量（本我、自我和超我）与外在力量（特别是儿童的客体）相互作用，从而逐步取得进步。西格蒙德·弗洛伊德和亚伯拉罕已经描述过最著名的一条发展路线，即从婴儿到成人的性行为。安娜·弗洛伊德补充了更多条发展路线。在首先引入发展路线这一概念的文章中，她提出了一条中心路线：从对客体的依赖，到客体关系的各个阶段，再到成人自主。她还描述了一条"从自我中心到建立友谊"的路线，几条"在身体管理和照料领域趋向独立"的路线，以及一条"从各种形式的玩耍到工作能力"的路线。她对这些路线进行了详细描述。后来提出的其他路线描述得相对简单，例如，从身体的到精神的释放途径，从不负责任到内疚感，从原始到成熟的防御形式，趋向成熟形式的思维、冲动控制，现实感、时间感等。她的同事也描述了一些路线，例如，洞察力、焦虑管理和语言。

发展剖面图（Developmental profile）

也叫作诊断剖面图。安娜·弗洛伊德的模式是在正常发展的背景下评估儿童的障碍，而不仅仅是依据症状，后者可能会导致误诊。它以西格蒙德·弗洛伊德的结构理论为基础，将个人信息整理到几个主题之下，这些主题包括个人发展史、重要的环境影响、驱力状态、人际关系、自我和超我功能、情感状态、冲突和一般人格特征。它的目的是确保考虑到个人功能的所有方面，避免出现片面或有偏向的诊断。一旦个体发展的所有领域都接受了审查，就可以综合这些发现，给出一个全面的诊断。安娜·弗洛伊德最初设计了评估儿童的剖面图，后来则针对婴儿、青少年和成人以及一些需要专门内容的病态形式进行了修改。

诊断剖面图（Diagnostic profile）

见发展剖面图。

自我（Ego）

精神的一个构成部分，由一些功能组成，这些功能有助于个人理解外在世界的现实，觉察自己的内在世界，以及适应和管理这两者。它是通过先天禀赋和环境影响之间的相互作用发展起来的，尤其是抚养者提供的刺激、强化和认同机会。在西格蒙德·弗洛伊德的著作中，自我的概念经常与自体的概念重叠，后者是相对客体而言的，或者指的是个人对自身的觉察。但是安娜·弗洛伊德遵循了哈特曼对自我和自体的区分，她用自我这一概念来指代一系列功能，这些功能对于个体控制其内在世界和适应环境至关重要。她意识到本我、自我和超我的概念在描述内部冲突时常常被拟人化；但她相信，只要我们依然意识到我们正在谈论人格的不同方面，这就是有益的。

自我不和谐的（Ego-dystonic）

自我无法接受的行为、感受或症状，因为这些行为、感受或症状可能会招致超我的谴责、客体的反对或者某种现实危险。

自我和谐的（Ego-syntonic）

自我可以接受的行为、感受或症状。更宽松的定义指的是行为、感受或症状符合个体对自身的看法，但安娜·弗洛伊德较少这样使用。

自我整合功能（Synthetic function of the ego）

整合所有精神内容和过程的倾向。安娜·弗洛伊德认为这是一种特别重要的自我功能，因为它将精神功能的正常和病态的方面都构建到整个人格之中。

生平年表

1895 年 12 月 3 日，出生在维也纳，是西格蒙德和玛莎六个孩子中最小的一个。

1913 年，开始阅读精神分析相关内容。

1915 年，成为一名实习教师。

1917 年，成为一名正式教师。

1915—1918 年，参加维也纳综合医院精神科诊所的查房工作。

1918 年，开始接受精神分析培训。

1922 年，当选维也纳精神分析协会会员。

1923 年，开始对儿童患者进行精神分析。

1927 年，出版《儿童分析四讲》。

1930 年，出版《给教师和父母的精神分析四讲》。

1936 年，出版《自我与防御机制》。

1938 年，移民英国。

1939 年，父亲西格蒙德·弗洛伊德去世。

1941—1945 年，战时托儿所时期。

1943 年，与克莱因的论战。

1948 年，为以前工作于战时托儿所的员工组织儿童精神分析培训。

1952年，创办汉普斯特德诊所。

1965年，出版《儿童期的常态与病态》

1982年10月9日，逝世，随后汉普斯特德诊所更名为安娜·弗洛伊德中心。

参考文献

Abraham, K. (1924) 'A short study of the development of the libido: viewed in the light of mental disorders', in Selected Papers on Psychoanalysis, London: Maresfield Reprints.

Abrams, S. (1996) 'Differentiation and integration', *Psychoanalytic Study of the Child*, 25-34.

Aichhorn, A. (1925) *Wayward Youth*, London: Imago 1951.

Alexander, F. (1948) *Fundamentals of Psychoanalysis*, New York: International Universities Press.

Alpert, A. (1959) 'Reversibility of pathological fixations associated with maternal deprivation in infancy', *Psychoanalytic Study of the Child*, 14:169-185.

Balint, M. (1968) *The Basic Fault*, London: Tavistock Publications Ltd.

Baradon, T. (1998) 'Michael: a journey from the physical to the mental realm', in Hurry, A. (ed.) *Psychoanalysis and Developmental Therapy*, London: Karnac, pp.153-164.

Bene, A. (1979) 'The question of narcissistic personality disorders: self pathology in children', *Bulletin of the Hampstead Clinic*, 2: 209-218.

Bennett, I.and Hellman, I. (1951) 'Psychoanalytic material related to observations in early development', *Psychoanalytic Study of the Child*, 6: 307-324.

Berger, M.and Kennedy, H. (1975) 'Pseudobackwardness in children: maternal attitudes as an etiological factor', *Psychoanalytic Study of the Child*, 30: 279- 306.

Bibring, E. (1937) 'On the theory of the therapeutic results of psycho-analysis', *International Journal of Psycho-analysis*, 18:170-189.

—— (1954) 'Psychoanalysis and the dynamic psychotherapies', *Journal of the American Psychoanalytic Association*, 2: 745-770.

Bolland, J.and Sandler, J. (1965) *The Hampstead Psychoanalytic Index: A Study of the Psychoanalytic Case Material of a two-and-a-half-year-old child* [Monograph series of the Psychoanalytic Study of the Child, No.1], New York: International Universities Press.

Bornstein, B. (1949) 'The analysis of a phobic child', *Psychoanalytic Study of the Child*, 3/4:181-226.

Bowlby, J. (1958) 'The nature of the child's tie to his mother', *International Journal of Psycho-analysis*, 39: 350-373.

—— (1960a) 'Separation anxiety', *International Journal of Psycho-analysis*, 41: 89-113.

—— (1960b) 'Grief and mourning in infancy and early childhood', *Psychoanalytic Study of the Child*, 15: 9-52.

—— (1961) 'Note on Dr.Max Schur's comments on "Grief and mourning in infancy and early childhood", *Psychoanalytic Study of the Child*, 16: 206-208.

Bowlby, J., Robertson, J.and Rosenbluth, D. (1952) 'A two year old goes to Hospital', *Psychoanalytic Study of the Child*, 7: 82-94.

Brenner, C. (1982) *The Mind in Conflict*, New York: International Universities Press.

Brinich, P.M. (1981) 'Application of the metapsychological profile to the assessment of deaf children', *Psychoanalytic Study of the Child*, 36: 3-32.

Burgner, M.and Edgcumbe, R. (1973) 'Some problems in the conceptualisation of early object relationships; Part II: The concept of object constancy', *Psychoanalytic Study of the Child*, 27: 315-333.

Burlingham, D. (1952) *Twins: A Study of Three Pairs of Identical Twins*, New York: International Universities Press.

—— (1975) 'Special problems of blind infants: blind baby profile', *Psychoanalytic Study of the Child*, 30: 3-13.

Burlingham, D.and Barron, A.T. (1963) 'A study of identical twins: their analytic material compared with existing observation data of their early childhood', *Psychoanalytic Study of the Child*, 18: 367-423.

Burlingham, D., Goldberger, A.and Lussier, A. (1955) 'Simultaneous analysis of mother and child', *Psychoanaltyic Study of the Child*, 10:165-186.

Colonna, A. (1996) 'Anna Freud: observation and development', *Psychoanalytic Study of the Child*, 51: 217-234.

Cooper, S.M. (1989) 'Recent contributions to the theory of defence mechanisms: a comparative view', *Journal of the American Psychoanalytic Society*, 37: 865- 891.

Dyer, R. (1983) *Her Father's Daughter: The Work of Anna Freud*, New York: Jason Aronson.

Earle, E. (1979) 'The diagnostic profile: V.A latency boy', *Bulletin of the Hampstead Clinic*, 2: 77-95.

Edgcumbe, R. (1980) 'The diagnostic profile: VIII.A terminal profile on a latency boy', *Bulletin of the Hampstead Clinic*, 3: 5-20.

—— (1981) 'Towards a developmental line for the acquisition of language', *Psychoanalytic Study of the Child*, 36: 71-103.

—— (1983) 'Anna Freud-child analyst', *International Journal of Psycho-analysis*, 64: 427-433.

—— (1995) 'The history of Anna Freud's thinking on developmental disturbances', *Bulletin of the Anna Freud Centre*, 18, 1: 21-34.

Edgcumbe, R.and Burgner, M. (1973) 'Some problems in the conceptualisation of early object relationships; Part I: The concepts of need-satisfaction and needsatisfying relationships', *Psychoanalytic Study of the Child*, 27: 283-314.

—— (1975) 'The phallic-narcissistic phase: a differentiation between pre-oedipal and oedipal aspects of phallic development', *Psychoanalytic Study of the Child*, 30:161-180.

Edgcumbe, R., Lundberg, S., Markowitz, R.and Salo, F. (1976) 'Some

comments on the concept of the negative oedipal phase in girls',
Psychoanalytic Study of the Child, 31: 35-62.

Eissler, K. (1950) 'Ego-psychological implications of the psychoanalytic
treatment of delinquents', *Psychoanalytic Study of the Child*, 5: 97-121.

Eissler, K., Freud, A., Kris E.and Solnit, A. (eds) (1977) *Psychoanalytic
Assessments: The Diagnostic Profile*, New Haven and London: Yale
University Press.

Ekins, R.and Freeman, R. (1998) *Selected Writings by Anna Freud*,
Harmondsworth: Penguin Books.

Elliott-Neely, C. (1996) 'The analytic resolution of a developmental
imbalance', *Psychoanalytic Study of the Child*, 51: 235-254.

Fabricius, J. (1993) 'Developmental breakdown in young adulthood: some
manifestations and precipitants', *Bulletin of the Anna Freud Centre*, 16:
41- 55.

Fairbairn, W.R.D. (1952) *Psychoanalytic Studies of the Personality*, London:
Routledge & Kegan Paul.

Ferenczi, S. (1909) 'Introjection and transference', in *Sex in Psychoanalysis*,
New York: Basic Books (1950) , pp.35-93.

Flashman, A.J. (1996) 'Developing developmental lines', *Psychoanalytic
Study of the Child*, 51: 255-269.

Fonagy, P.and Tallandini-Shallice, M. (1993) 'Problems of psychoanalytic
research in practice', *Bulletin of the Anna Freud Centre*, 16: 5-22.

Fonagy, P.and Target, M. (1996a) 'A contemporary psychoanalytic perspective: psychodynamic developmental therapy', in Hibbs, E.and Jensen, P. (eds) *Psychosocial Treatments for Child and Adolescent Disorders*, Washington, DC: American Psychological Association.

—— (1996b) 'Predictors of outcome in child psychoanalysis: a retrospective study of 763 cases at the Anna Freud Centre', *Journal of American Psychoanalytic Association*, 44: 27-73.

Fonagy, P., Moran, G.S., Edgcumbe, R., Kennedy, H.and Target, M. (1993a) 'The roles of mental representation and mental processes in therapeutic action', *Psychoanalytic Study of the Child*, 48: 9-48.

Fonagy, P., Steele, M., Moran, G., Steele, H.and Higgitt, A. (1993b) 'Measuring the ghost in the nursery: an empirical study of the relation between parents' mental representations of childhood experiences and their infants' security of attachment', *Journal of American Psychoanalytic Association*, 41: 957-989.

Freeman, T. (1973) *A Psychoanalytic Study of the Psychoses*, New York: International Universities Press.

—— (1975) 'The use of the profile schema for the psychotic patient', in *Studies in Child Psychoanalysis: Pure and Applied*, New Haven and London, Yale University Press.

—— (1976) *Childhood Psychopathology and Adult Psychoses*, New York: International Universities Press.

—— (1983) 'Anna Freud-psychiatrist', *International Journal of Psychoanalysis*, 64: 441-444.

Freud, A. (1927) 'Four lectures on child analysis', *The Writings of Anna Freud*, 1, pp.3-69, New York: International Universities Press (1974) .

—— (1928) 'The theory of child analysis', *The Writings of Anna Freud*, 1, pp.162-175, New York: International Universities Press (1974) .

—— (1930) 'Four lectures on psycho-analysis for teachers and parents', *The Writings of Anna Freud*, 1, pp.73-133, New York: International Universities Press (1974) .

—— (1934 [1932]) 'Psychoanalysis and the upbringing of the young child', *The Writings of Anna Freud*, 1, pp.176-188, New York: International Universities Press (1974) .

—— (1936) *The Ego and the Mechanisms of Defence*, London: Karnac (revised, 1993) .

—— (1945) 'Indications for child analysis', *The Writings of Anna Freud*, 4, pp.3- 38, New York: International Universities Press (1968) .

—— (1946a) 'Freedom from want in early education', *The Writings of Anna Freud*, 4, pp.425-441, New York: International Universities Press (1968).

—— (1946b) 'The psychoanalytic study of infantile feeding disturbances', *The Writings of Anna Freud*, 4, pp.39-59, New York: International Universities Press (1968) .

—— (1947) 'The establishment of feeding habits', *The Writings of Anna Freud*, 4, pp.442-457, New York: International Universities Press (1968).

—— (1949a) 'Aggression in relation to emotional development: normal and pathological', *The Writings of Anna Freud*, 4, pp.489-497, New York:

International Universities Press (1968) .

—— (1949b) 'On certain difficulties in the pre-adolescent's relation to his parents', *The Writings of Anna Freud*, 4, pp.95-106, New York: International Universities Press (1968) .

—— (1949c) 'Notes on aggression', *The Writings of Anna Freud*, 4, pp.60-74, New York: International Universities Press (1968) .

—— (1949d) 'Certain types and stages of social maladjustment', *The Writings of Anna Freud*, 4, pp.75-94, New York: International Universities Press (1968) .

—— (1949e) 'Nursery school education: its uses and dangers', *The Writings of Anna Freud*, 4, pp.545-559, New York: International Universities Press (1968) .

—— (1950) 'The significance of the evolution of psychoanalytic child psychology', *The Writings of Anna Freud*, 4, pp.614-624, New York: International Universities Press (1968) .

—— (1951a) 'Observations on child development', *The Writings of Anna Freud*, 4, pp.143-162, New York: International Universities Press (1968).

—— (1951b) 'An experiment in group upbringing', *The Writings of Anna Freud*, 4, pp.163-229, New York: International Universities Press (1968).

—— (1952a) 'Answering teachers' questions', *The Writings of Anna Freud*, 4, pp.560-568, New York: International Universities Press (1968).

—— (1952b) 'The role of bodily illness in the mental life of children', *The Writings of Anna Freud*, 4, pp.260-279, New York: International

Universities Press (1968).

—— (1952c) 'The mutual influences in the development of ego and id: introduction to the discussion', *The Writings of Anna Freud*, 4, pp.230-244, New York: International Universities Press (1968).

—— (1953a) 'Some remarks on infant observation', *The Writings of Anna Freud*, 4, pp.569-585, New York: International Universities Press (1968).

—— (1953b) 'Instinctual drives and their bearing on human behaviour', *The Writings of Anna Freud*, 4, pp.498-527, New York: International Universities Press (1968).

—— (1953c) 'James Robertson's A Two-year-old Goes to Hospital: Film review', *The Writings of Anna Freud*, 4, pp.280-292, New York: International Universities Press (1968).

—— (1955) 'The concept of the rejecting mother', *The Writings of Anna Freud*, 4, pp.586-602, New York: International Universities Press (1968).

—— (1957) 'The Hampstead Child-Therapy Course and Clinic', *The Writings of Anna Freud*, 5, pp.3-8, New York: International Universities Press (1969).

—— (1957—1960) 'Research projects of the Hampstead Child-Therapy Clinic', *The Writings of Anna Freud*, 5, pp.9-25, New York: International Universities Press (1969).

—— (1958a) 'Child observation and prediction of development: a memorial lecture in honor of Ernst Kris', *The Writings of Anna Freud*, 5, pp.102-135, New York: International Universities Press (1969).

—— (1958b) 'Adolescence', *The Writings of Anna Freud*, 5, pp.136-166, New York: International Universities Press (1969) .

—— (1960a) 'Discussion of Dr.John Bowlby's paper', *Psychoanalytic Study of the Child*, 15: 53-62.

—— (1960b) 'Entry into nursery school: the psychological pre-requisites', *The Writings of Anna Freud*, 5, pp.315-335, New York: International Universities Press (1968) .

—— (1960c [1957]) 'The child guidance clinic as a centre of prophylaxis and enlightenment', *The Writings of Anna Freud*, 5, pp.281-300, New York: International Universities Press (1969) .

—— (1961) 'Answering paediatricians' questions', *The Writings of Anna Freud*, 5, pp.379-406, New York: International Universities Press (1969).

—— (1962a) 'Assessment of childhood disturbances', *Psychoanalytic Study of the Child*, 17:149-158.

—— (1962b) 'The emotional and social development of young children', *The Writings of Anna Freud*, 5, pp.336-351, New York: International Universities Press (1969) .

—— (1963a) 'The concept of developmental lines', *Psychoanalytic Study of the Child*, 18: 245-265.

—— (1963b) 'The role of regression in human development', *The Writings of Anna Freud*, 5, pp.407-418, New York: International Universities Press (1969) .

—— (1964) 'Psychoanalytic knowledge and its application to children's services', *The Writings of Anna Freud*, 5, pp.460-469, New York: International Universities Press (1969) .

—— (1965a) *Normality and Pathology in Childhood: Assessments of Development*, London: Karnac1989.

—— (1965b) 'Three contributions to a seminar on family law', *The Writings of Anna Freud*, 5, pp.436-459, New York: International Universities Press (1969) .

—— (1966a) 'Interactions between nursery school and child guidance clinic', *The Writings of Anna Freud*, 5, pp.369-378, New York: International Universities Press (1969) .

—— (1966b) 'Links between Hartmann's ego psychology and the child analyst's thinking', *The Writings of Anna Freud*, 5, pp.204-220, New York: International Universities Press (1969) .

—— (1966c) 'A short history of child analysis', *The Writings of Anna Freud*, 7, pp.48-58, New York: International Universities Press (1971).

—— (1967a [1953]) 'About losing and being lost', *The Writings of Anna Freud*, 4, pp.302-316, New York: International Universities Press (1968).

—— (1967b) 'Residential vs.foster care', *The Writings of Anna Freud*, 7, pp.223- 239, New York: International Universities Press (1971).

—— (1968a [1949]) 'Expert knowledge for the average mother', *The Writings of Anna Freud*, 4, pp.528-544, New York: International Universities Press (1968).

—— (1968b) 'Acting out', *The Writings of Anna Freud*, 7, pp.94-109, New

York: International Universities Press (1971).

—— (1968c) 'Indications and contraindications for child analysis', *The Writings of Anna Freud*, 7, pp.110-123, New York: International Universities Press (1971).

—— (1969a) 'Discussion of John Bowlby's work on separation, grief and mourning', *The Writings of Anna Freud*, 5, pp.167-186, New York: International Universities Press (1969).

—— (1969b [1962—1966]) 'Assessment of pathology in childhood', *The Writings of Anna Freud*, 5, pp.26-59, New York: International Universities Press (1969).

—— (1969c) 'Difficulties in the path of psychoanalysis: a confrontation of past with present viewpoints', *The Writings of Anna Freud*, 7, pp.124-156, New York: International Universities Press (1971).

—— (1969d) 'Film review: *John, Seventeen Months: Nine Days in a Residential Nursery* by James and Joyce Robertson, *The Writings of Anna Freud*, 7, pp.240-246, New York: International Universities Press (1971).

—— (1969e [1964]) 'Comments on psychic trauma', *The Writings of Anna Freud*, 5, pp.221-241, New York: International Universities Press (1969).

—— (1969f [1956]) 'The assessment of borerline cases', *The Writings of Anna Freud*, 5, pp.301-314, New York: International Universities Press (1969).

—— (1969g) 'Adolescence as a developmental disturbance', *The Writings of Anna Freud*, 7, pp.39-47, New York: International Universities Press (1971).

—— (1970) 'The symptomatology of childhood: a preliminary attempt at classification', *The Writings of Anna Freud*, 7, pp.157-188, New York: International Universities Press (1971).

—— (1971a) 'Problems of termination in child analysis', *The Writings of Anna Freud*, 7, pp.3-21, New York: International Universities Press (1971).

—— (1971b [1970b]) 'The infantile neurosis: genetic and dynamic considerations', *The Writings of Anna Freud*, 7, pp.189-203, New York: International Universities Press (1971).

—— (1971c [1970c] 'Child analysis as a sub-speciality of psychoanalysis', *The Writings of Anna Freud*, 7, pp.204-219, New York: International Universities Press (1971).

—— (1972) 'Comments on aggression', *The Writings of Anna Freud*, 8, pp.151-175, New York: International Universities Press (1981).

—— (1974a) 'Introduction to psychoanalysis', *The Writings of Anna Freud*, 1, New York: International Universities Press (1974).

—— (1974b [1954]) 'Diagnosis and assessment of childhood disturbances', *The Writings of Anna Freud*, 8, pp.34-56, New York: International Universities Press (1981).

—— (1974c) 'A psychoanalytic view of developmental psychopathology', *The Writings of Anna Freud*, 8, pp.57-74, New York: International Universities Press (1981).

—— (1975a) 'On the interaction between paediatrics and child psychology', *The Writings of Anna Freud*, 8, pp.285-299, New York: International Universities Press (1981).

—— (1975b) 'Children possessed: Anna Freud looks at a central concern of the children's bill: the psychological needs of adopted children', *The Writings of Anna Freud*, 8, pp.300-306, New York: International Universities Press (1981).

—— (1976a) 'Changes in psychoanalytic practice and experience', *The Writings of Anna Freud*, 8, pp.176-185, New York: International Universities Press (1981).

—— (1976b) 'August Aichhorn', *The Writings of Anna Freud*, 8, pp.344-345, New York: International Universities Press (1981).

—— (1977) 'Concerning the relationship with children', *The Writings of Anna Freud*, 8, pp.96-109, New York: International Universities Press (1981).

—— (1978a) 'The principal task of child analysis', *The Writings of Anna Freud*, 8, pp.96-109, New York: International Universities Press (1981).

—— (1978b) 'A study guide to Freud's writings', *The Writings of Anna Freud*, 8, pp.209-276, New York: International Universities Press (1981).

—— (1979a) 'The role of insight in psychoanalysis and psychotherapy: introduction', *The Writings of Anna Freud*, 8, pp.201-205, New York: International Universities Press (1981).

—— (1979b) 'Personal memories of Ernest Jones', *The Writings of Anna Freud*, 8, pp.346-353, New York: International Universities Press (1981).

—— (1981a) 'Insight: its presence and absence as a factor in normal development', *The Writings of Anna Freud*, 8, pp.137-148, New York: International Universities Press (1981).

—— (1981b [1972]) 'The widening scope of psychoanalytic child psychology, normal and abnormal', *The Writings of Anna Freud*, 8, pp.8-33, New York: International Universities Press (1981).

—— (1981c [1974b]) 'Beyond the infantile neurosis', *The Writings of Anna Freud*, 8, pp.75-81, New York: International Universities Press (1981).

—— (1981d [1976c]) 'Dynamic psychology and education', *The Writings of Anna Freud*, 8, pp.307-314, New York: International Universities Press (1981).

—— (1981e [1979b]) 'Child analysis as the study of mental growth, normal and abnormal', *The Writings of Anna Freud*, 8, pp.119-136, New York: International Universities Press (1981).

—— (1981f [1979c]) 'The nursery school from the psychoanalytic point of view' *The Writings of Anna Freud*, 8, pp.315-330, New York: International Universities Press (1981).

—— (1983) 'The past revisited', *Bulletin of the Hampstead Clinic*, 6:107-113.

Freud A.and Burlingham, D. (1944) 'Infants without families: the case for and against residential nurseries', in *Infants without Families and Reports on the Hampstead Nurseries 1939—1945*, London: Hogarth (1974), pp.543-664.

—— (1974 [1940—1945]) 'Reports on the Hampstead nurseries', in *Infants*

262 安娜·弗洛伊德：儿童发展、障碍与治疗技术

without Families and Reports on the Hampstead Nurseries1939 ⊜*1945*, London: Hogarth, pp.3-540.

Freud, A., Nagera, H.and Freud, W.E. (1965) 'Metapsychological assessment of the adult personality: the adult profile', *Psychoanalytic Study of the Child*, 20: 9- 41.

Freud, S. (1893) 'On the psychical mechanism of hysterical phenomena: a lecture', *Standard Edition of the Complete Psychological Works of Sigmund Freud (S.E.)*, 3, pp.27-39.

—— (1905) 'Three essays on the theory of sexuality', *S.E.*, 7, pp.130-243.

—— (1909) 'Analysis of a phobia in a five year old boy', *S.E.*, 10, pp.5-149.

—— (1911) 'Formulations on the two principles of mental functioning', *S.E.*, 12, pp.218-226.

—— (1914) 'On narcissism: an introduction', *S.E.*, 14, pp.73-102.

—— (1915) 'Instincts and their vicissitudes', *S.E.*, 14, pp.109-140.

—— (1920) 'Beyond the pleasure principle', *S.E.*, 18, pp.7-64.

—— (1923) 'The ego and the id', *S.E.*, 19, pp.3-66.

—— (1926) 'Inhibitions, symptoms and anxiety', *S.E.*, 20, pp.75-175.

—— (1930) 'Civilisation and its discontents', *S.E.*, 21, pp.64-145.

—— (1937) 'Analysis terminable and interminable', *S.E.*, 23, pp.209-253.

Freud, W.E. (1967) 'Assessments of early infancy: problems and considerations', *Psychoanalytic Study of the Child*, 22: 216-238.

—— (1971) 'The Baby Profile: Part II', *Psychoanalytic Study of the Child*, 26:172-194.

Furman, E. (1992) *Toddlers and their Mothers: A Study in early Personality Development*, Madison, CT: International Universities Press, Inc.

—— (1995) 'Memories of a "qualified student"', *Journal of Child Psychotherapy*, 21: 309-312.

Gavshon, A. (1987) 'Treatment of an atypical boy', *Psychoanalytic Study of the Child*, 42:145-171.

Geissman, C.and Geissman, P. (1998) *A History of Child Psychoanalysis*, London: Routledge.

Goldstein, J. (1984) 'Anna Freud in law', *Psychoanalytic Study of the Child*, 39: 3-13.

Goldstein, J., Freud, A.and Solnit, A.J. (1973) *Beyond the Best Interests of the Child*. New York: Free Press/Macmillan.

—— (1979) *Before the Best Interests of the Child*, New York: Free Press/ Macmillan.

—— (1986) *In the Best Interests of the Child: Professional Boundaries*, New York: Free Press/Macmillan.

Green, V. (1998) 'Donald: the treatment of a 5-year-old boy with experience of early loss', in Hurry, A. (ed.) *Psychoanalysis and Developmental Therapy*, London: Karnac, pp.136-152.

Greenberg, J.R.and Mitchell, S.A. (1983) *Object Relations in Psychoanalytic Theory*, Cambridge, MA, and London: Harvard University Press.

Greenspan, S.I. (1997) *Developmentally Based Psychotherapy*, Madison, CT: International Universities Press.

Grosskurth, P. (1986) *Melanie Klein*, London: Hodder and Stoughton.

Harrison, A. (1998) 'Martha: establishing analytic treatment with a 4-year-old girl', in Hurry, A. (ed.) *Psychoanalysis and Developmental Therapy*, London: Karnac, pp.124-135.

Hartmann, H. (1939) *Ego Psychology and the Problem of Adaptation*, London: Imago (1958).

—— (1950a) 'Psychoanalysis and developmental psychology', *Psychoanalytic Study of the Child*, 5: 7-17.

—— (1950b) 'Comments on the psychoanalytic theory of the ego', *Psychoanalytic Study of the Child*, 5: 74-96.

—— (1952) 'The mutual influences in the development of ego and id', *Psychoanalytic Study of the Child*, 7: 9-30.

Hayman, A. (1994) 'Some remarks about the "Controversial discussions"', *International Journal of Psycho-analysis*, 75: 343-358.

Heinicke, C.M. (1965) 'Frequency of psychotherapeutic session as a factor affecting the child's developmental status', *Psychoanalytic Study of the Child*, 20: 42- 98.

Heller, P. (1990) *A Child Analysis with Anna Freud*, Madison, CT: International Universities Press.

Hellman, I. (1962) 'Hampstead nursery follow-up studies: I.Sudden separation', *Psychoanalytic Study of the Child*, 17:159-174.

Hellman, I., Friedmann, O.and Shepheard, E. (1960) 'Simultaneous analysis of mother and child', *Psychoanalytic Study of the Child*, 15: 359-377.

Hodges, J. (in preparation) 'Self, others and defensive processes as represented in the narratives of severely abused and neglected children removed from their parents'.

Hoffer, W. (1952) 'The mutual influences in the development of ego and id: earliest stages', *Psychoanalytic Study of the Child*, 7: 31-41.

Holder, A. (1975) 'Theoretical and clinical aspects of ambivalence', *Psychoanalytic Study of the Child*, 30:197-220.

Holmes, J. (1993) *John Bowlby and Attachment Theory*, London & New York: Routledge.

Hurry, A. (ed.) (1998) *Psychoanalysis and Developmental Therapy*, London: Karnac.

Jacobson, E. (1946) 'The effect of disappointment on ego and superego formation in normal and depressive development', *Psychoanalytic Review*, 33:129-147.

James, M. (1960) 'Premature ego development: some observations upon disturbances in the first three years of life', *International Journal of Psychoanalysis*, 41: 288-294.

Joffe, W.G.and Sandler, J. (1965) 'Notes on pain, depression and individuation', *Psychoanalytic Study of the Child*, 20: 394-424.

Kennedy, H.E. (1950) 'Cover memories in formation', *Psychoanalytic Study of the Child*, 5: 275-284.

—— (1979) 'The role of insight in child analysis', *Journal of American Psychoanalytic Association*, Supplement 27: 9-28.

King, P. (1994) 'The evolution of controversial issues', *International Journal of Psycho-analysis*, 75: 335-342.

King, P.and Steiner, R. (eds) (1991) *The Freud-Klein Controversies 1941—45*, London and New York: Tavistock/Routledge.

Klein, M. (1932) *The Psychoanalysis of Children, The Writings of Melanie Klein*, 2.Hogarth and Institute of Psychoanalysis (1980).

—— (1935) 'A contribution to the psychogenesis of manic-depressive states', *The Writings of Melanie Klein*, 1: 262-289.Hogarth and Institute of Psychoanalysis (1981).

—— (1946) 'Notes on some schizoid mechanisms', *The Writings of Melanie Klein*, 3:1-24.Hogarth and Institute of Psychoanalysis (1981).

—— (1957) 'Envy and gratitude', *The Writings of Melanie Klein*, 3:176-235. Hogarth and Institute of Psychoanalysis (1981).

Lament, C. (1983) 'The diagnostic profile: XIV.A latency girl', *Bulletin of the Hampstead Clinic*, 6: 351-383.

Laplanche, J.and Pontalis, J.B. (1973) *The Language of Psychoanalysis*, London: Hogarth.

Laufer, M. (1965) 'Assessment of adolescent disturbances: the application of Anna Freud's diagnostic profile', *Psychoanalytic Study of the Child*, 20: 99-123.

Laufer, M.and Laufer, M.E. (1984) *Adolescence and Developmental Breakdown: A Psychoanalytic View*, New Haven and London: Yale University Press.

—— (eds) (1989) *Developmental Breakdown and Psychoanalytic Treatment in*

Adolescence: Clinical Studies, New Haven and London: Yale University Press.

Levy, K. (1960) 'Simultaneous analysis of a mother and her adolescent daughter: the mother's contribution to the loosening of the infantile object tie', *Psychoanalytic Study of the Child*, 15: 378-391.

Likierman, M. (1995) 'The debate between Anna Freud and Melanie Klein: an historical survey', *Journal of Child Psychotherapy*, 21: 313-325.

McLean, D. (1993) 'Provisional diagnostic profile on a young adult', *Bulletin of the Anna Freud Centre*, 16: 27-40.

Mahler, M. (1968) *On Human Symbiosis and the Vicissitudes of Individuation*, New York: International Universities Press.

Mahler, M.and Gosliner, B.J. (1955) 'On symbiotic child psychosis: genetic, dynamic and restitutive aspects', *Psychoanalytic Study of the Child*, 10:195-212.

Mahler, M., Pine, F.and Bergman, A. (1975) *The Psychological Birth of the Human Infant*, New York: Basic Books.

Marans, S. (1996) 'Psychoanalysis on the beat: children, police and urban trauma', *Psychoanalytic Study of the Child*, 51: 522-541.

Martindale, B. (1993) 'To stay - or not stay - at home with mother', *Bulletin of the Anna Freud Centre*, 16: 77-89.

Mayes, L.C.and Cohen, D.J. (1996) 'Anna Freud and developmental psycho-analytic psychology', *Psychoanalytic Study of the Child*, 51:117-141.

Miller, J. (1993) 'The development and validation of a manual of child psychoanalysis', Doctoral thesis, University of London.

—— (1996) 'Anna Freud: a historical look at her theory and technique of child analysis', *Psychoanalytic Study of the Child*, 51:142-171.

Moran, G.S.and Fonagy, P. (1987) 'Psychoanalysis and diabetic control: a single case study', *British Journal of Medical Psychology*, 60: 357-372.

Nagera, H. (1966) *Early Childhood Disturbances, the Infantile Neurosis and the Adulthood Disturbances*, New York: International Universities Press.

Nagera, H.and Colonna, A. (1965) 'Aspects of the contribution of sight to ego and drive development: a comparison of the development of some blind and sighted children', *Psychoanalytic Study of the Child*, 20: 267-287.

Neubauer, P.B. (1984) 'Anna Freud's concept of developmental lines', *Psychoanalytic Study of the Child*, 39:15-27.

—— (1996) 'Current issues in psychoanalytic child development', *Psychoanalytic Study of the Child*, 51: 35-45.

Novick, J.and Novick, K.K. (1972) 'Beating fantasies in children'. *International Journal of Psychoanalysis*, 53: 237-242.

Penman, A. (1995) 'There has never been anything like a classical child analysis': Clinical discussions with Anna Freud:1970-1971. Unpublished paper.

Perelberg, R. (1999) *The Psychoanalytic Understanding of Violence and Suicide*, London: Routledge.

Peters, U.H. (1985) *Anna Freud: A Life dedicated to Children*, London:

Weidenfeld & Nicolson.

Radford, P. (1980) 'The diagnostic profile: IX.A comparison of two sections from the profiles of two deaf boys', *Bulletin of the Hampstead Clinic*, 6: 351-383.

Radford, P., Wiseberg, S.and Yorke, C. (1972) 'A study of main-line heroin addiction: a preliminary report', *Psychoanalytic Study of the Child*, 27:156-180.

Robertson, J. (1952) *Film: A Two Year Old Goes to Hospital*, London: Tavistock.

Roberston, J.and Robertson, J. (1971) 'Young children in brief separation: a fresh look', *Psychoanalytic Study of the Child*, 26: 264-315.

Rycroft, C. (1968) *A Critical Dictionary of Psychoanalysis*, Harmondsworth: Penguin Books (1972).

Sandler, A-M. (1996) 'The psychoanalytic legacy of Anna Freud', *Psychoanalytic Study of the Child*, 51: 270-284.

Sandler, J. (1960) 'On the concept of superego', *Psychoanalytic Study of the Child*, 15:128-162.

Sandler, J.and Freud, A. (1985) *The Analysis of Defence: The Ego and the Mechanisms of Defence Revisited*, New York: International Universities Press.

Sandler, J.and Joffe, W.G. (1965) 'Notes on obsessional manifestations in children', *Psychoanalytic Study of the Child*, 20: 425-438.

Sandler, J.and Nagera, H. (1963) 'Aspects of the metapsychology of fantasy',

Psychoanalytic Study of the Child, 18:159-194.

Sandler, J.and Rosenblatt, B. (1962) 'The concept of the representational world', *Psychoanalytic Study of the Child*, 17:128-145.

Sandler, J.and Sandler, A-M. (1994) 'Phantasy and its transformations: a contemporary Freudian view', *International Journal of Psychoanalysis*, 75: 387-394.

Sandler, J.Holder, A.and Meers, D. (1963) 'The ego ideal and the ideal self', *Psychoanalytic Study of the Child*, 18:139-158.

Sandler, J., Kennedy, H.and Tyson, R.L. (1980) *The Technique of Child Psychoanalysis*, London: Karnac (1990).

Sandler, J., Kawenoka, M., Neurath, L., Rosenblatt, B., Schnurmann, A. and Sigal, J. (1962) 'The classification of superego material in the Hampstead index', *Psychoanalytic Study of the Child*, 17:107-127.

Schachter, J. (1993) 'A young man's search for a masculine identity', *Bulletin of the Anna Freud Centre*, 16: 61-72.

Schafer, R. (1994) 'One perspective on the Freud-Klein controversies 1941-5', *International Journal of Psychoanalysis*, 75: 359-366.

Schur, M. (1960) 'Discussion of Dr.John Bowlby's paper', *Psychoanalytic Study of the Child*, 15: 63-84.

Segal, H. (1964) *Introduction to the Work of Melanie Klein*, London: Hogarth (1978).

—— (1979) *Klein*, London: Fontana/Collins.

—— (1994) 'Phantasy and reality', *International Journal of Psychoanalysis*,

75: 395-401.

Solnit, A.J.and Newman, L.M. (1984) 'Anna Freud: the child expert', *Psychoanalytic Study of the Child*, 39: 45-63.

Spitz, R. (1946) 'Anaclitic depression', *Psychoanalytic Study of the Child*, 2: 313-342.

—— (1960) 'Discussion of Dr.Bowlby's paper', *Psychoanalytic Study of the Child*, 15: 85-94.

—— (1965) *The First Year of Life*, New York: International Universities Press.

Sprince, M.P. (1962) 'The development of a pre-Oedipal partnership between an adolescent girl and her mother', *Psychoanalytic Study of the Child*, 17: 418- 450.

Steele, M., Kaniuk, J., Hodges, J.and Hayworth, C. (1999a) 'The use of the adult attachment interview: implications for adoption and foster care', in Byrne, S. (ed.) *Assessment, Preparation and Support: Implications from Research*, London: British Agencies for Adoption and Fostering Publications.

Steele, M., Hodges, J., Kaniuk, J., Henderson, S., Hillman, S.and Bennett, P. (1999b) 'The use of story stem narratives in assessing the inner world of the child: implications for adoptive placements', in Byrne, S. (ed.) *Assessment, Preparation and Support: Implications from Research*, London: British Agencies for Adoption and Fostering Publications.

Target, M.and Kennedy, H. (1991) 'Psychoanalytic work with under-fives: forty years experience', *Bulletin of the Anna Freud Centre*, 14: 5-29.

Thomas, R.in collaboration with Edgcumbe, R., Kennedy, J., Kawenoka, M. and Weitzner, L. (1966) 'Comments on some aspects of self and object representation in a group of psychotic children: an application of Anna Freud's diagnostic profile', *Psychoanalytic Study of the Child*, 21: 527-580.

Tyson, P.and Tyson, R.L. (1990) *Psychoanalytic Theories of Development: An Integration*, New Haven, CT: Yale University Press.

Wallerstein, R.S. (1984) 'Anna Freud: radical innovator and staunch conservative', *Psychoanalytic Study of the Child*, 39: 65-80.

—— (1988) 'Final summing up: international colloquium on playing: its role in child and adult psychoanalysis', *Bulletin of the Anna Freud Centre*, 11: 168-182.

Winnicott, D.W. (1949) *The Ordinary Devoted Mother and her Baby*, London: Tavistock Publications.

—— (1951) 'Transitional objects and transitional phenomena: a study of the first not-me possession', in *Through Paediatrics to Psychoanalysis*, London: Hogarth (1958).

—— (1960a) 'The theory of the parent-infant relationship', *International Journal of Psychoanalysis*, 41: 585-595.

—— (1960b) 'Ego distortion in terms of true and false self', in *The Maturational Processes and the Facilitating Environment*, London: Hogarth.

Wiseberg, S., Yorke, C.and Radford, P. (1975) 'Aspects of self cathexis in mainline heroin addiction', in *Studies in Child Psychoanalysis: Pure and Applied*, New Haven, CT, and London: Yale University Press.

Yorke, C. (1983) 'Anna Freud and the psychoanalytic study and treatment of adults', *International Journal of Psychoanalysis*, 64: 391-400.

—— (1996) 'Anna Freud's contributions to our knowledge of child development: an overview', *Psychoanalytic Study of the Child*, 51: 7-24.

—— (1997) *Anna Freud*, Paris: Presses Universitaires de France.

Yorke, C., Wiseberg, S.and Freeman, T. (1989) *Development and Psychopathology*, New Haven, CT, and London: Yale University Press.

Young-Bruehl, E. (1988) *Anna Freud*, London: Macmillan.

Zaphiriou-Woods, M.and Gedulter-Trieman, A. (1998) 'Maya: the interplayof nursery education and analysis in restoring a child to the path of normal development', in Hurry, A. (ed.) *Psychoanalysis and Developmental Therapy*, London: Karnac.

图书在版编目（CIP）数据

安娜·弗洛伊德：儿童发展、障碍与治疗技术 /
(英) 罗斯·埃奇库姆 (Rose Edgcumbe) 著 ; 颜雅琴,
谢晴译. -- 重庆 : 重庆大学出版社, 2025.7. -- (西
方心理学大师译丛). -- ISBN 978-7-5689-5346-7

Ⅰ . B844.1

中国国家版本馆CIP数据核字第2025DQ8229号

安娜·弗洛伊德：儿童发展、障碍与治疗技术

ANNA·FULUOYIDE: ERTONG FAZHAN ZHANG'AI YU ZHILIAO JISHU

［英］罗斯·埃奇库姆（Rose Edgcumbe）　著

颜雅琴　谢　晴　译

鹿鸣心理策划人：王　斌

责任编辑：赵艳君　　　版式设计：赵艳君

责任校对：关德强　　　责任印制：赵　晟

＊

重庆大学出版社出版发行

出版人：陈晓阳

社址：重庆市沙坪坝区大学城西路21号

邮编：401331

电话：(023) 88617190　88617185（中小学）

传真：(023) 88617186　88617166

网址：http : //www. cqup. com. cn

邮箱：fxk@cqup. com. cn（营销中心）

全国新华书店经销

重庆永驰印务有限公司印刷

＊

开本：720mm × 1020mm　1/16　印张：17.75　字数：214千

2025 年 7 月第 1 版　　2025 年 7 月第 1 次印刷

ISBN　978-7-5689-5346-7　定价：98.00元

版贸核渝字（2018）第244号